林地放养

草地放养

放牧调教

暖棚鸡舍

组装鸡舍

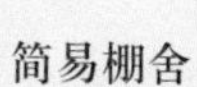

简易棚舍

防盗围栏

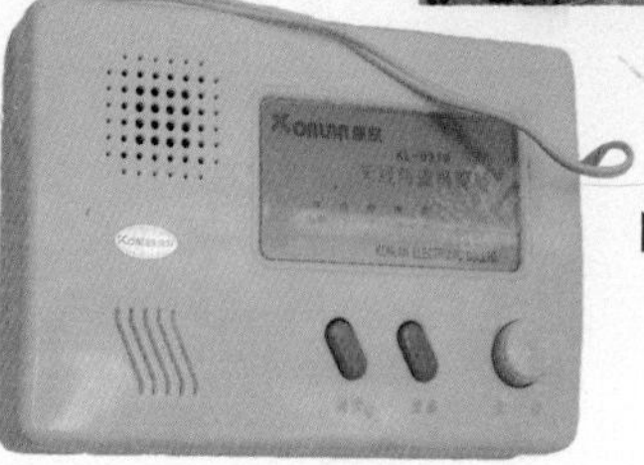

防盗器

栖　架

产蛋窝

诱虫灯

风力发电诱虫

移动放牧

专家释疑解难技术丛书

生态放养柴鸡关键技术问答

主　编

李　英　谷子林

副主编

魏忠华　郑长山

编著者

孙凤莉　黄玉亭　赵　超　刘亚娟

董　兵　吴秀楼　魏振英　王安忠

郜希君　李海涛　王振海　郑国强

墨锋涛

金 盾 出 版 社

内 容 提 要

本书由河北省畜牧兽医研究所李英研究员、河北农业大学谷子林教授等编写。内容包括:生态放养柴鸡的概念及意义,柴鸡品种介绍,生态放养柴鸡场的建筑与设备,放养柴鸡的营养需要与饲料配合,雏鸡的培育,柴鸡的生态放养技术,生态放养柴鸡的常见疾病及防治,柴鸡产品的质量认证、包装与运输等。本书对柴鸡饲养管理技术进行逐条详细解答,内容全面,技术先进,针对性和可操作性强。本书适合基层农业技术推广人员和柴鸡养殖户阅读,也可供农业院校相关专业师生阅读参考。

图书在版编目(CIP)数据

生态放养柴鸡关键技术问答/李英,谷子林主编.—北京 :金盾出版社,2010.1(2019.2 重印)
(专家释疑解难技术丛书)
ISBN 978-7-5082-6023-5

Ⅰ.①生… Ⅱ.①李…②谷… Ⅲ.①鸡—饲养管理—问答
Ⅳ.①S831.4-44

中国版本图书馆 CIP 数据核字(2009)第 180859 号

金盾出版社出版、总发行
北京市太平路 5 号(地铁万寿路站往南)
邮政编码:100036 电话:68214039 83219215
传真:68276683 网址:www.jdcbs.cn
北京印刷一厂印刷、装订
各地新华书店经销
开本:850×1168 1/32 印张:7.125 彩页:4 字数:168 千字
2019 年 2 月第 1 版第 19 次印刷
印数:245 001～248 000 册 定价:22.00 元

目　录

一、生态放养柴鸡的概念及意义

1. 什么是生态放养柴鸡?

生态放养柴鸡是充分利用柴鸡这一类优良地方鸡种,生产优质、安全蛋、肉产品的全新的饲养方式。

这种饲养方式将传统的农家饲养柴鸡方法和现代科学养鸡技术相结合,根据不同区域特点,利用林地、草场、果园、农田、荒山等自然资源,实行规模放养和舍养相结合。以自由采食野生天然饲料为主,即让鸡自由觅食昆虫、嫩草、腐殖质等;人工科学补料为辅,严格限制化学药品和饲料添加剂等的使用,禁用任何激素和抗生素。通过良好的饲养环境、科学饲养管理和卫生保健措施等,实现标准化生产,使肉、蛋产品达到无公害食品乃至绿色食品、有机食品标准。同时,通过柴鸡放养控制植物虫害和草害、减少或杜绝农药的使用,利用鸡粪提高土壤肥力,实现经济效益和生态效益、社会效益的高度统一。

这种生态饲养方式和柴鸡良种繁育、专用饲料生产、柴鸡健康保健、柴鸡蛋肉加工、产品销售等环节配套衔接,在一些地区已经初步形成一个农林牧结合的新型生态产业,具有十分广阔的发展前景。

2. 为什么要搞生态放养柴鸡?

(1)柴鸡蛋、柴鸡肉质优味美　据测定,柴鸡蛋与现代配套系鸡相比,干物质率高、全蛋粗蛋白质、粗脂肪含量均较高、味道香。全蛋干样中谷氨酸含量高达 15.48%,而谷氨酸是重要的风味物质,再加上水分低、营养浓度大,使得柴鸡蛋口味好、风味浓郁。

柴鸡肉与现代配套系鸡相比，屠宰率高、腹脂率低、胸肌率高、胸肌的肌纤维直径小、肌纤维密度大、肉质鲜嫩，而肌肉中肌苷酸含量高使柴鸡肉味道鲜美。柴鸡蛋、柴鸡肉历来就深受消费者欢迎。

(2)科学放养，生产鸡蛋、鸡肉高端产品 生态养鸡，回归自然，环境优越，空气新鲜，阳光充足，饲养密度小。加上鸡只自由活动，采食天然饲料，有利于发挥柴鸡蛋、柴鸡肉质量优良的遗传潜力。试验证明，科学放养可以提高柴鸡蛋的品质(提高蛋黄颜色、蛋黄磷脂质含量、蛋白质含量、蛋白黏稠度，降低胆固醇含量，改善蛋壳质量)，可以提高鸡肉品质。柴鸡在放养过程中，活动量大，体内能量消耗较笼养鸡多，造成脂肪的沉积减少；同时由于放养而摄食的矿物质量也充足，其骨质结实，肉质致密，味道较浓。

特别是山区的草场、草坡有大山的自然屏障作用，极大地减少了传染病的发生，疾病减少，鸡群健康。生产出的优质鸡蛋、鸡肉高端产品味美、安全，售价较高，无论在城市超市还是乡镇农贸市场都受到消费者青睐，显著提高了市场竞争力。

(3)降低饲养成本，提高养鸡收益 生态放养的柴鸡，自由采食草籽、嫩草等植物性饲料，并大量捕食多种虫体(动物性饲料)，在夏秋季节适当补料即可满足其营养需要，可节省1/3的饲料。同时，配合灯光、性信息等诱虫技术，可大幅度降低果园、林地、农田虫害的发生率，减少农药的使用量，既保护了农作物和果树，也降低了柴鸡饲养和果、粮生产成本，对环境和人类的健康也十分有利，一举多得。

河南省获嘉县贺庄村何录波在 5 666.7 平方米枣园放养柴鸡，可称为立体生态养鸡模式：树上结枣、树下养鸡，枣叶、杂草用来喂鸡。鸡啄食害虫减少枣树虫害、从而减少农药用量，另外鸡粪还可肥田。养柴鸡和种枣树相互促进，1 年下来，枣树纯赚 1.5 万元，养 1 000 只柴鸡又纯赚 1.5 万元。

(4)投资费用较少,提高经济效益 笼养现代配套系鸡需要投资较大的鸡舍和笼具,而生态放养柴鸡的鸡舍建筑简易,无需笼具,投资较小,适于经济欠发达地区的农民采用。同时,由于节省饲料、投资小、疾病少、生产成本低,产品售价高,规模化生态养柴鸡的收益明显提高。一般放养柴鸡肉用,每只比集约化饲养“快大型”肉鸡收入高 6～10 元;放养柴鸡产蛋,每只比笼养蛋鸡收入高 10～20 元。

(5)缓解林牧矛盾和农牧用地矛盾 工厂化笼养鸡场大部分在平原农区,所建禽舍要占用大量的农用耕地,增加了土地资源紧张的压力;而生态放养以山场、林地、草地放养柴鸡替代放牧牛羊,不占用耕地,实现“鸡上山、牛羊入圈”,达到资源的合理利用,缓解林牧矛盾。同时,草场的放牧压力也得到缓解,能有效保护和科学利用草地资源。

(6)减少环境污染 过去笼养鸡一直是我国蛋鸡生产的主体,特别是人口密集的平原农区,紧靠农居修建鸡舍,场舍密集,人、鸡混杂,排泄物对空气、水源、土地等环境造成严重污染,夏、秋季更是成为蚊蝇的孳生地,影响居民身心健康。而生态放养柴鸡,远离居民区,饲养密度低,加之环境的自然净化,可使排泄物培肥土壤,变废为宝。

3. 生态放养柴鸡与传统的散养柴鸡有什么优势?

(1)鸡种 重点推广经过系统选育、能生产高质量鸡蛋、鸡肉的地方鸡种——柴鸡。这一类鸡经过系统选育或利用地方良种配种,具有生态型地方良种的特性,其肉、蛋风味、滋味、口感、营养俱佳,生产性能也较高,适应性强,适合规模放养,是生态放养鸡的首选鸡种。例如,在河北省不断选育的太行鸡(原名河北柴鸡),在规模化生态放养生产实践中就深受欢迎。

而目前传统的农家庭院散养的虽然也称为“柴鸡”，但多是未经系统选育提纯的鸡，群体内个体间生产性能很不一致。特别是杂交乱配严重，致使一些优良基因大量流失。因此，目前传统农家庭院散养鸡，鸡种来源混杂，羽色、外貌、生产性能差，不利于规模化饲养。

(2)规模和设施 不是一家一户十只八只的零星散养，而是以规模养殖为基础（上百只为起点）的饲养群体；修建和配备相应的设施，比如鸡舍，不是在庭院垒砌的传统的日出而动、日落而归的小鸡窝，而是在放养地建造的既可以防风避雨，又可以产蛋休息，还可以人工管理的鸡舍。

(3)饲料 并非完全靠鸡到外面自由采食野食，而是天然饲料和人工饲料相互补充，植物饲料、动物饲料和微生物饲料合理搭配的类天然饲料。

(4)管理和防病 不是只放不养、任其自生自灭的随意粗放管理，而是根据鸡的生物学特性、放养鸡的特殊规律、放养地的环境条件、季节气候等因素而设计的严格的管理方案，精细管理。同时根据当前鸡易流行的主要传染病，结合当地鸡种特有的发病规律和放养地实际而制定的免疫程序及防治措施。

(5)组织 不是一家一户自发盲目发展，而是有组织、有计划地进行。既有政府的宏观指导，又有科技部门和科技人员的广泛参与，更有经济实体龙头企业牵头，实施产供销一体化。

4. 我国生态放养柴鸡现状如何?

我国一些地方正在尝试利用山场、林地、闲散地规模放养地方鸡种，改变农家庭院散养鸡规模小，传统的粗放落后饲养方式。

甘肃省渭源县大力发展放养鸡，成立起“南山放养鸡协会”，会员达到488户，遍及渭水两岸。通过“协会＋基地＋龙头企业＋放养鸡农户”的生产模式，已形成产蛋、孵化育雏、养殖、屠宰销售的产业化经营。到目前,年孵化放养鸡 150 万只,饲养量 380 万只,年实现产值 3 000 多万元,给养殖户平均每年带来近千元的纯收入。

江苏省无锡市宜兴西渚镇有着独特的山林放养环境和草鸡养殖历史,全镇有放养鸡 30 万只。在西渚镇横山村,2008 年成立了生态放养鸡专业合作社。由 8 家规模养殖户组建成的合作社放养鸡年存栏量 3 万只,年出栏量 15 万只。

20 世纪 90 年代中后期,河北农业大学山区研究所谷子林教授即针对河北省太行山区生态环境恶化和日益突出的林牧矛盾,提出了“鸡上山、羊入圈”的设想,并且在易县、顺平、沙河、涿鹿等县试验,举办技术培训班推广。

进入 21 世纪,以河北省畜牧兽医研究所李英研究员、河北农业大学谷子林教授为主的创新团队,联合石家庄牧工商公司等企业,相继承担了科技部、农业部、省财政厅、省科技厅、省畜牧兽医局的 10 个相关科研、示范、推广项目。已率先在全国推出了成熟的规模化生态养鸡综合技术体系和产业化生产模式,有计划地在全省开展了柴鸡生态放养产业化的开发、推广。

几年来,在河北省重点组织 7 个示范大区(石家庄、保定、邯郸、邢台、承德、沧州、衡水),挂牌建立试验示范基地 52 个,培育井陉天山绿色食品有限公司、涉县凤落沟山场柴鸡养殖基地、赞皇天然农产品有限公司等龙头企业 18 家,开发出“凤落沟”、“苍岩山”、“绿岭”、“堪泰园”、“小山庄”等 38 个规模化生态放养柴鸡鸡蛋品牌,包括 3 个有机食品和 5 个绿色食品鸡蛋品牌,深受市场欢迎。目前,项目示范区年存栏规模化生态放养鸡(以柴鸡为主)3 500 万只,从山场草坡养鸡扩展到平原林地、果园、山区草场养鸡,还配套发展了放养鸡产品加工企业。按标准化生态放养生产的柴鸡蛋、肉售价平均高于笼养品牌鸡产品 1~1.5 倍。

2007 年 3 月河北省涉县柴鸡养殖协会薛花元会长携“凤落

沟”山场放养柴鸡蛋参加世界银行发起，国务院扶贫办、民政部、财政部、NPO信息中心等组织的“中国发展市场项目申报评选”，从参评的975个项目中脱颖而出，成为24个获胜项目之一，荣获二等奖第一名，获赠发展资金1.37万美元。

河北省井陉县“苍岩山”牌柴鸡蛋在2006年中国第十届（廊坊）农交会上获名优产品，2007年获河北省第八届消费者信得过产品。赞皇县“小山庄”绿色食品柴鸡蛋2005年获河北省优质产品，2007年又获河北省名牌产品。临城县绿岭果业有限公司的“绿岭”牌鸡蛋、井陉县天山绿色食品有限公司的“苍岩山”牌鸡蛋、辛集市新绿科技发展有限公司的“康钛益”鸡蛋等先后通过有机产品认证。目前河北省规模化生态养鸡在全省迅速发展，已经成为深受广大农民欢迎的致富新途径和新兴产业。

5. 我国生态放养柴鸡存在哪些主要问题？

(1)品种选育有待加强 柴鸡在我国饲养历史悠久，但是长期以来未经系统的选育提纯，群体内个体间生产性能很不一致，产蛋和育肥性能也有待进一步提高；由于大量外来高产品种被引入国内，杂交乱配严重，致使一些优良基因大量流失。因此，市场上鸡种来源混杂，羽色、外貌、生产性能参差不齐，不利于规模化饲养。河北省近几年在石家庄市牧工商公司二鸡场建立了“柴鸡育种中心”，经选育提纯的柴鸡核心种群体质和生产性能优异，外貌整齐，申请品种认定后，将成为我国优质地方鸡种质资源。

(2)柴鸡标准化生态放养技术需要进一步普及推广 过去柴鸡主要在农村庭院零星散养，谈不上什么饲养技术。而规模化生态放养由于群体较大，放养地饲料状况主要受气候变化影响，放养地和田间棚舍消毒及防疫比较困难，鼠兽伤害和意外伤亡机会较多，不能沿用传统技术，也不能照搬现代配套系鸡种的饲养管理模式，而要实行传统饲养和现代工艺的有机结合，建立一整套标准化饲养生产技术。目前不少地方仍沿用过去庭院养鸡方式，造成成本较高，质量不稳定，效益受影响。因此，要开展生态放养柴鸡、优良鸡种繁育、饲养管理、放养场地和设施建设、鸡群安全保健、产品安全等标准化生产配套技术推广工作。

(3)需要探索最佳生产、销售模式 生态放养的柴鸡产品多为高端产品，逢年过节是销售最旺时节。因为其独特的生产、销售规律，所以如何利用植物生长季节、市场需求变化、市场价格的时间差和地区差有效组织生产和销售，以取得最大收益，并争取全年均衡生产尚需认真探索。

(4)产业化生产有待健全、完善 目前有些地区柴鸡生态放养技术服务不配套、产品销路不稳定，造成效益起落不定、影响农民积极性。生态放养柴鸡必然要走区域化布局、规模化饲养、市场化经营的现代化产业之路。今后要努力实现集团式生产，从鸡种繁育、孵化育雏、育成育肥、肉蛋运销、产品加工、生产资料供应、技术服务、特色餐饮旅游开发等不同环节进行专业化分工和协作，延伸、完善产业化链条。通过“龙头企业＋合作社＋基地＋放养户”的生产组织形式建立农工贸一体化的经济运行机制，才能实现柴鸡生态放养产业的可持续发展。

(5)急需建立、完善标准化生产制度 目前该领域饲养、生产、加工很不规范，产品质量参差不齐。我们虽然研究制定了包括柴鸡蛋在内的5个生态放养柴鸡的系列地方标准，多数由河北省质量技术监督局颁布执行，但其宣传和普及与国标相比程度还不够。今后仍需进一步建立起涵盖产地环境、生产过程、产品质量、包装贮运、专用生产资料等环节的技术标准体系。实现从田间放养到餐桌全过程的质量控制，以提高产品质量，保障食品安全，保护生态环境，为社会提供名副其实的柴鸡蛋、柴鸡肉等无公害食品、绿色食品乃至有机食品。

6. 生态放养柴鸡发展前途怎样?

随着人们生活水平的提高和社会文明的进步,笼养蛋鸡产品药残难以控制,疾病威胁严重,污染破坏生态环境等问题日益明显。而以回归田野放养形式的规模化生态放养柴鸡因其产品质量优、风味好、符合生态保护政策,越来越受消费者青睐和社会肯定。目前,欧美一些国家笼养和放养鸡蛋各自标明,且价格不同。基于食品安全和动物福利的考虑,欧盟规定 2012 年后,产蛋鸡禁止笼养,提倡蛋鸡散养,也传达了世界养鸡业重视产品质量、生态环境和动物福利的新信息。

在我国,生态放养柴鸡与集约化笼养现代配套系鸡这两种养殖形式不是对立、矛盾的,而是相辅相成的。两种养殖形式瞄准不同消费群体,满足鸡蛋、鸡肉消费市场多样化需求。特别是在改善质量、发展优质高端禽产品上,生态放养柴鸡肯定会独树一帜,大放异彩。通过发展生态放养柴鸡,各地农村都涌现出许多增收致富的好典型。作为养鸡业一个新的增长点和突破口,肯定会成为一个有利于农业增产,农民增收,繁荣农村经济的大产业。

二、柴鸡品种介绍

7. 柴鸡的外貌特征有哪些?

柴鸡是分布在我国北方广大农区和山区的蛋肉兼用型地方鸡种,在散养条件下经过长期自然选择和人工选择培育而成。由于体型瘦小故称“柴鸡”。柴鸡体型基本偏重于蛋用型。

体型矮小,细长,结构匀称,羽毛紧凑,皮薄骨纤,头小清秀。喙短、细而微弯,呈浅灰色或苍白色,少数全黑色或全黄色。冠型比较杂,以单冠为主,冠齿数 5 个或 6 个,约占 90%;豆冠、玫瑰冠或草莓冠者较少,极少数有凤冠、毛冠、毛髯和凤头。肉髯多为红色,较小不发达。胫色多数为青色和肉粉色,少数杂色,个别鸡有胫羽。羽色较杂,麻色者占 1/2 以上,其次为黑色,其余为芦花、浅黄色,纯黄色、白色和银灰色等。公鸡羽色以“红翎公鸡”最多,有深色和浅色。浅色公鸡颈羽及胸部羽毛皆呈浅黄色,背、翼、尾和腹部的羽毛多为红色,但主翼羽和主尾羽中有的羽毛 1/2 或 1/3 为黑色。深色公鸡颈、胸处的羽毛为红褐色或羽尖为黑色,而主翼羽和主尾羽有的也混有黑色羽毛。青白色、青灰色、花斑等羽色的公鸡较少。母鸡羽毛以麻色、狸色最多,约占 50%;黑色次之,占近 20%;其余为芦花色、浅黄色、黄色、白色、银灰色、杂斑等。肤色以粉白色、青灰色居多。

8. 成年柴鸡的体重和体尺是多少?

成年公柴鸡体重 1.21~2.1 千克,体斜长 20.5~23.1 厘米,胸宽 6.3~7.8 厘米,胸深 5.3~6.4 厘米,胸骨(龙骨)长 10.5~11.8 厘米,胫长 10.6~11.5 厘米。

成年母柴鸡体重0.95～1.6千克，体斜长17.1～19厘米，胸宽4.5～5.6厘米，胸深4.6～5.6厘米，胸骨（龙骨）长9.2～10.7厘米，胫长7.6～8.2厘米。

9. 柴鸡的产蛋和繁殖性能怎样？

柴鸡入舍母鸡产蛋数平均170枚，饲养产蛋数平均178.3枚左右。开产蛋重33～38克，平均蛋重41～48克，产蛋总重6.45～7.35千克。料蛋比产蛋前期（开产～330日龄）为1∶3.1～4.2，产蛋后期（330日龄之后）为1∶4.1～6.2。

柴鸡开产日龄155～190天，公鸡性成熟日龄80～120天，公母配种比例为1∶10～15，公、母鸡利用年限1～2年。平均种蛋受精率91%，平均受精蛋孵化率为90%，15%左右的母鸡有就巢性。健雏率95%以上，1～4周龄雏鸡成活率97%以上，产蛋期死淘率7%～11%。

10. 柴鸡蛋的外观和品质怎样？

柴鸡蛋蛋壳为淡褐色、红褐色和白色。新鲜柴鸡蛋灯光透视整个蛋呈橘黄色至橙红色，蛋黄不见或略见阴影。打开后蛋黄凸起、完整、有韧性，蛋黄比例大且颜色发黄，蛋白澄清、透明、黏稠，色泽鲜艳，无异味。

蛋重41～48克，蛋形指数1.32～1.39，蛋壳强度43.6克/厘米^2，蛋壳厚度0.322～0.428毫米。蛋的质量密度1.085～1.095，蛋黄比率29%～33%，蛋黄色泽指数9～13。蛋黄中水分小于48%，蛋黄脂肪/鲜蛋重大于10%，蛋黄磷脂质大于15%。哈夫单位63～77，血斑和肉斑率5.2%。

11. 生态放养柴鸡鸡蛋有何优点？

柴鸡蛋与现代配套系蛋鸡鸡蛋相比，蛋重明显小（46.46～

63.89克)。但是柴鸡蛋全蛋干物质率(27.00%～25.54%)、粗蛋白质含量(12.75%～12.14%)、粗脂肪含量(10.12%～9.13%)、粗灰分含量(1.90%～1.13%)明显高于现代配套系鸡。鸡蛋中氨基酸含量基本一致(41.22%～41.09%),但柴鸡蛋蛋白质中非氨基酸含氮物占有较高的比例。可见,生态放养柴鸡蛋常规营养含量高于现代配套系蛋鸡鸡蛋。

柴鸡蛋全蛋干样中谷氨酸含量高于15.48%,而谷氨酸是重要的风味物质,再加上水分低、营养浓度大,使得柴鸡蛋口味好、风味浓郁。

12. 柴鸡产肉性能怎样?

柴鸡8周龄、13周龄和300日龄屠体性能指标见表2-1。

表2-1 柴鸡8周龄、13周龄和300日龄屠体性能指标表 (单位:克)

项目＼指标	8周龄		13周龄		300日龄	
	公	母	公	母	公	母
宰前活重	505.3	384.0	1208.3	852.3	1680.0	1300.4
屠体重	444.2	337.5	1093.5	773.9	1570.8	1225.0
屠宰率(%)	87.9	87.9	90.5	90.8	93.5	94.2
半净膛重	332.6	253.2	905.4	641.1	1311.6	1032.7
全净膛重	284.8	216.8	759.6	526.3	1118.4	857.5
腿肌重	59.5	42.3	166.4	105.3	246.0	171.7
胸肌重	39.8	30.4	122.3	73.7	181.2	128.6
腹脂重	0	0	3.2	2.3	9.2	17.9

13. 生态放养柴鸡鸡肉有何优点?

柴鸡与"京白"等配套系品种鸡鸡肉相比,柴鸡鸡肉屠宰率明显高(90.02%～84.68%),腹脂率显著低(1.03%～1.64%)。腿肌粗脂肪含量明显低(1.37%～1.94%),腿肌粗灰分显著高(1.22%～1.36%)。氨基酸总量高低顺序为柴鸡胸肌(20.42%)>品牌胸肌(19.82%)>柴鸡腿肌(18.96%)>品牌腿肌(18.79%);影响鲜味的氨基酸-谷氨酸高低顺序为柴鸡腿肌(1.4%)>品牌腿肌(1.37%)>柴鸡胸肌(1.22%)>品牌胸肌(1.05%);影响鲜味的肌肉中肌苷酸含量(毫克/克)依次为柴鸡胸肌(1.965)>品牌胸肌(1.637)>柴鸡腿肌(1.185)>品牌腿肌(0.868);影响嫩度的肌纤维直径(微米),相同部位柴鸡显著小于品牌鸡(腿肌 33.72～39.80,胸肌 24.36～38.48,);肌纤维密度(根/毫米^2)相同部位柴鸡显著高于品牌鸡(腿肌 351.8～300.2,胸肌 470.8～319.6)。说明柴鸡鸡肉鲜嫩、味美。

14. 柴鸡与现代配套系蛋鸡品种主要营养物质代谢一样吗?

柴鸡与现代配套系蛋鸡品种主要营养物质代谢是不一样的。

柴鸡公鸡与“京白”公鸡相比,能量代谢率较高(74.03%～76.49%),粗蛋白质代谢率较高(31.77%～38.35%),粗脂肪代谢率较高(59.68%～74.65%),粗纤维代谢率差异不显著。表明柴鸡在主要营养物质代谢方面有着明显的优势,说明柴鸡和以“京白”为代表的现代配套系鸡种在饲料转化率上有种间差异。

15. 柴鸡的生活习性如何?

(1)群集性(合群性) 柴鸡体型小,抵抗外界逆境及其他动物侵袭能力差,因此喜欢群集生存。

(2)竞食性 凡两只以上鸡群,每遇食物时总会争先恐后地争夺,尤其是放养柴鸡和散养柴鸡表现更突出。在饲养管理中如大小混养,强弱混养则会出现强者更强,弱者不能生长。所以,应分批、分强弱分群饲养。

(3)喜干厌湿性 柴鸡厌潮湿。放养柴鸡喜欢活动于高而通风、向阳的地方,不喜欢阴湿的地方。

(4)攀高性 柴鸡有蹬高攀枝的特性。鸡舍搭栖架,就是为了适应这个习性,并增加养鸡密度,减少与地面粪便接触。

(5)刨食性 柴鸡有刨食的习惯,可觅食草籽、软体动物等。但密度过大时,容易刨出草根,破坏生态环境,刨鸡粪或垃圾,易感传染病。

(6)抱窝性 母鸡有抱窝性,而且没有经过选育的柴鸡抱窝性较强。

(7)欺生性 对外来鸡具有欺生性,群起而啄之,直到将其赶出群或追到一个阴暗角落为止。为此,两群合并时,一定要在天黑后进行,这样才能避免欺生性造成损伤。

(8)欺弱性 除带领雏鸡的母鸡外,所有的柴鸡都以强欺弱,以大欺小。尤其是公鸡更是如此,甚至将弱小而无抵抗能力的鸡啄死。饲养时应特别注意。

(9)固执性 放养柴鸡管理不当时,夜不归宿。驱赶时仍要由原处返回,换一个位置则乱窜不入,很固执。

(10)固定性 每只柴鸡行动都有固定性。如在这个料桶吃食,总在这里吃。母鸡产蛋固定性更为明显。

16. 柴鸡的行为学特点有哪些?

(1)柴鸡的应对行为

①忧愁 当阴云密布、气压很低时常听到柴鸡发出一种低叫,尤其是母鸡经常发出一种“咕鸟、咕鸟”的嗓音,表示天要下雨不能择食的忧愁感。通常农民将这种声音作为雨前预报。

②怒拒 当一只鸡在吃食时,突然有另外一只鸡来抢夺食物,这只鸡挺胸展翅向另一只鸡钳啄而去,诸如此类均属鸡的自卫怒

拒行为。

③抗拒　当一只鸡和另一只鸡在争夺食物时，鸡立刻向对方抬头，挺胸，抖羽示威，这时惧怕者立刻让位于胜者，此称抗拒。

④雄拒（争序列）　群鸡公母混、散养，性成熟鸡便出现公鸡之间互相争斗，最后出现一只公鸡是“霸主”，它无论到鸡群的何处，其他公鸡都躲开，这只鸡交配母鸡最多。这种公鸡往往争斗时不食不饮，斗得满头血淋淋，甚至肉冠都残缺不全。也称此行为是争序列。

⑤色拒　公鸡追逐母鸡要求交配时，母鸡不让公鸡交配，这种行为称色拒。

(2)柴鸡的情欲行为

①色愉　我们常见母鸡被交配后，立刻站起来抖动全身，人工授精时也常见母鸡出现同样现象。这种现象是通过交配，母鸡的一种舒适感，此称色愉。

②爽愉　天气炎热时，一旦有一股凉风吹拂到鸡体，便见鸡马上左右摇尾，拍打翅膀，全身抖动。天气冷时鸡在太阳照射下也同样出现这种现象。这种摆尾抖身是鸡爽快的征状，此称爽愉。雏鸡爽愉表现为追逐着奔跑。

③沙愉　水足食饱的鸡常在干土地上刨坑，边刨边扒沙粒，边起卧，反反复复抖动身体，这是一种愉快的休闲现象，此称沙愉。

④傲愉　有的公鸡把别的公鸡钳啄败退，便挺胸、高仰头向四周张望着，大步向前行走，表现出一种傲慢样。母鸡互相争斗胜利后，尤其是胜于公鸡后这种表现更突出，此称傲愉。这种现象多表现在散养、放养鸡群中。

⑤母愉　经常发现一只老母鸡带一群雏鸡东张西望，并时不时回头观望着“孩子”，“咕、咕”地叫着，漫游。当它刨到食物，叼起后放下自己不吃，让雏鸡去啄食，这种慈母情称母愉。这种行为说明其保姆性强。

(3)柴鸡的鸣音行为

①报时叫(俗称“打鸣”) 这是公鸡性成熟后生物钟的一种条件反射征状。刚性成熟的公鸡叫声音短低小,常是“咯—儿”一声。成年公鸡是“咯 — 咯 — 儿、咯 — 咯 —儿”的叫声;老公鸡是“咯 — 咯 — 咯儿 — 嗯”的声音。

②报喜叫 母鸡一旦产蛋后,立刻发出“呱 — 呱 — 呱”的长叫声;成年母鸡常发出“呱呱嗒、呱呱嗒”的叫声,老母鸡则发出“呱哪、呱哪”的叫声。雏鸡发“吱儿、吱儿、吱儿”的叫声。这是一种报告成绩的叫声。

③ 闲叫 鸡休闲时,慢步行走,或卧着的母鸡发出一种短小的“咕、咕、咕”音,公鸡发出一种短小的“咯、咯”音,雏鸡发出一种“叽、叽”叫音,或“啾、啾”音。这是鸡的一种歇息表现。

④领叫 母鸡带着一群雏鸡,为了让它们跟随行动,边走边叫,发出“咕、咕、咕”的后长音,雏鸡便蹦跳地跟随鸡妈妈。当母鸡领叫雏鸡不跟随时,也常发出一种“咕喔、咕喔、咕喔”的长叫声,母鸡对不听指挥的“孩子”偶啄一下再领叫,让雏儿跟随行动。

⑤惊叫 当鸡发现有害动物或听到奇怪的音响时,就会扇动翅膀奔跑着尖叫。母鸡的声音是“呱哪 — 呱哪 — 呱哪”,公鸡是“咯喔—咯喔”的长叫声。笼养鸡群体大,公母均有,只能听到“呱哇、呱哇”的叫声,表示惊讶。

⑥吼叫 当捕捉鸡,或鸡被鼠兽伤害时,可听到鸡大声狂叫的求救声。母鸡是“哒—咯,哒—咯”地叫,公鸡是“喔哪—喔哪—喔哪”地叫。

⑦痛叫 鸡病情严重时常长伸颈张口,发出一种“喀儿—喀儿”的呻吟长声。这种叫声不久,鸡即死亡。呼吸道被阻塞后,鸡边甩头边发出短粗的咯声或喔声。传染病鸡死前多挣扎蹦跳,发出“嗯”的声音后倒地死亡。

⑧争叫 散养鸡、放养鸡为了护食,总是一边快速不停地啄

食,怕其他鸡吃它的食物,一边"唔、唔、唔"地叫着,占领它的料位、水位。

(4)柴鸡的站立行为

①休势　休势即休息姿势。两脚站立在一条横线,身平头微上倾,两目视前方静而不动,或摆尾抖羽,或用喙梳理羽毛。

②展势　天热时鸡找到阴凉处,两翅向下虚伸形成搭翅,微抬头,张口呼吸,颈下羽毛、肉垂、胡须跟着呼吸的节奏上下微动,此为热的应激反应。

③缩势　鸡在零下温度时平立或将头扎进一侧翅羽下,有时反复更替一脚"金鸡独立"。此为温度低,鸡遇冷的应激反应。

(5)柴鸡躺卧姿态

①平卧　鸡休息时,身平卧,尾羽平直,头平直或略下垂,背直,腿于胸下前伸,腹部着地,时而抖动身体羽毛。有的鸡将头搭在周围鸡身上,这是健康鸡休息姿势。

②侧卧　雨过天晴,鸡有时侧躺在地上头颈贴地,将腹部暴露,晒太阳,让风吹拂羽毛,这是晾晒姿态。

③展卧　天热鸡群分散卧。卧形如平卧,但为了散热展翅,头抬尾翘,张口呼吸,偶尔扬头呼吸,这是散热姿势。

④缩卧　天气寒冷,鸡为保存体温御寒,身体紧缩,后肢放胸下,尾羽下搭,全身羽毛紧贴身体,过冷时将头伸入一侧翅下,静卧,这是一种抗寒保体温姿势。

(6)柴鸡的行动姿态

①游走　指正常情况行走姿势。鸡行走抬头、挺胸、尾翘。成年鸡一边缓缓而行一边发出微小的"咕咕"声,育成鸡发出"唧唧"的尖细叫声。两只鸡以上时,便争先恐后轻步行走。

②奔走　指奔跑的姿势,胸前倾,探头,颈伸长,全脚着地,速跑,偶尔展翅平衡身体,趾尖着地迅速奔跑。

③惊跑　当鸡听到、见到威胁其生命的信号时,则惊恐飞奔。

姿势是压低头,伸长颈,只脚趾落地,尾展、平直,飞奔。

④斗势　公鸡相斗凶猛无比。斗前目瞪,挺胸抬头,颈羽直立,尾羽展开。战斗开始,双方均敏捷地后蹲瞄准对方肉冠立刻弹跳。腾跃离地而起或趾尖着地,被钳住肉冠者用力腾跃挣扎,挣脱后再次重复动作猛扑去。战胜者趾高气扬挺胸而立,穷追不舍,直至败者逃跑无影为止。

⑤飞势　鸡为夺食或惊恐而飞。鸡接信号后瞬间后蹲,双脚弹跳,展翅展尾,伸颈探头飞起。飞起后脚缩、体展、尾展,飞起后身体左右活动掌握方向,两前脚提缩胸前,双翅反复速张合拍击,向目标飞翔。落地时两翅张开,逐渐停止拍击,尾羽站稳后收缩而立,两脚下伸着地,全身羽毛膨大,身体前后微动,最后走动几步站立。

17. 柴鸡的主要优、缺点是什么?

柴鸡的优点有:一是适应性广,抗病力强。柴鸡由于长期生活在管理粗放的条件下,其体质协调,适应性强,生活力高,抗病力强。二是耐粗饲,觅食性强。可采食物质包括青草和昆虫等,可以减少混合饲料的使用、降低开支;同时,这些物质所含的成分能够改善鸡产品的品质,如提高蛋黄颜色、降低产品中胆固醇含量。三是产品市场前景广阔。柴鸡具有独特的外貌特征、特性,其肉皮薄肉嫩,风味独特;柴鸡蛋黄大,蛋白浓,深受广大消费者欢迎。

柴鸡的缺点有:一是抱窝性强。每年的春、夏产蛋旺季,特别是在5～6月份,有的柴鸡出现抱窝现象,持续期一般为1～2个月,影响经济效益。二是毛色杂、产品整齐度差。由于柴鸡未经系统选育提纯,市场上种鸡来源混杂,群体整齐度较差,表现在羽色、外貌、生产性能和体重大小不够整齐,均不利于规模化生产需要。三是生产性能较低。尽管经过选育之后的柴鸡产蛋性能和产肉性能都有不同程度的提高,但总体来说,与现代鸡种相比,其生产性能较低，有继续选育提高的必要。

18. 怎样充分利用柴鸡发展生态养殖业？

柴鸡适于在山坡、林地、荒地、果园、作物大田中放养。采用放牧与补饲结合的方式，让柴鸡在宽广的放养场地上得到充足的阳光、新鲜的空气和运动，采食成虫、虫蛹、草籽、青草、腐殖质等各种营养丰富的饲料。

经营模式上，按照产业化发展规划，发展生态放养鸡龙头企业、放养鸡协会（合作组织）。同时，与初具生态放养鸡规模的农户签订协议，努力做到"六统一"——"统一供雏、统一供料、统一防疫、统一饲养管理技术标准、统一屠宰、统一销售品牌"。龙头企业、协会（合作组织）要建立科技服务组织，形成不同形式的技术传播网络，充分发挥企业安全生产体系和食品卫生管理体系的优势，开发出多品种、多层次、高附加值的放养鸡绿色产品。做到产品系列化、多样化，使"优质、营养、美味、绿色"成为龙头企业产品的特色。把优质放养鸡的育种、饲养管理、饲料加工、安全保健、市场营销等环节连接起来，形成"产＋供＋销一体化"的产业链，实现生态放养柴鸡产业化发展。

三、生态放养柴鸡场的建筑与设备

19. 生态放养柴鸡场地选择的基本原则和要求是什么?

柴鸡生态放养场地选择要符合无公害生产或绿色生产原则、生态和可持续发展原则、经济性原则和防疫性原则。具体要求如下。

第一,放养场地的环境质量应符合《NY/T 388　畜禽场环境质量标准》要求。欲申报绿色食品鸡蛋或鸡肉认证的放养场地,应符合《NY/T 391　绿色食品产地环境技术条件》要求。

第二,水源充足,水质符合《NY 5027 无公害食品　畜禽饮用水质》的规定。

第三,放养场地交通便利,距离交通要道及村庄 500 米以上,远离噪声源和污染源 1 000 米以上。

第四,放养场地宽阔,面积较大(一般在 2 公顷以上),且地势平坦或缓坡,背风向阳。

第五,放养场地最好有天然屏障,便于管理、预防疫病传播和避敌避雨。

第六,有足够放养鸡可食的野生饲料资源(如昆虫、饲草、野菜、腐殖质等),夏季牧(杂)草生长季节可食草的数量平均在每平方米 300 株以上。

第七,有完整的建筑群,布局顺序按主导风向依次为工作生活区、生产区、兽医隔离区、废弃物处理区。

第八,按照放养场地的优势顺序依次为:果园(平原和山地)—林地—农田(棉花、玉米等,谷子等易落粒作物不适宜放养)—人工草地—天然草场。

第九，不适宜建场的地区：水源地保护区、旅游区、自然保护区、环境污染严重区、发生重大动物传染病疫区，其他畜禽场、屠宰厂附近，候鸟迁徙途经地和栖息地，山谷洼地易受洪涝威胁地段，退化的草场、草山草坡等。

20. 哪些场地适合放养柴鸡？

柴鸡放养与现代配套系鸡笼养，在环境上有很大不同。因为在放养条件下，柴鸡一天的绝大多数时间自动采食自然饲料。这样不仅对鸡种有一个特殊要求，而且对放养场地有严格要求。根据我们多年从事生态放养柴鸡的经验，适合生态放养柴鸡的场地主要有以下几种：山地和平原果园、坡度小于40°的荒山荒坡、岗坡次地、林地、农田（如棉田、玉米田等）、草场草原等。

(1)果园 危害果树的病虫害种类繁多，每年由于气候条件不同，病虫害发生的种类和时期不尽相同。在一年的生长过程中，果树经过萌芽、展叶、抽梢、开花、结果和休眠等阶段，各阶段发生的病虫害种类、数量和危害方式也不同。果树的害虫和农作物、林木、蔬菜害虫一样，大多属于昆虫的一部分，一生要经过卵、幼虫、蛹 、成虫4个虫期的变化，如各种食心虫、天牛、吉丁虫、形毛虫、星毛虫等。过去多采用喷药、刮老皮、剪虫枝、拾落果、捕杀、涂杀等繁琐的方法防治。

果园放养柴鸡可捕食这些害虫。在昆虫发育的各个阶段若被柴鸡发现，都能作为饲料被鸡采食。同时，通过灯光诱虫喂鸡，可明显减少果树虫害，降低农药使用量，减少农药残留，改善生态环境。据试验，梨园和枣园放养柴鸡后，梨园好果率由79%提高至85%，单果重由191克提高至204克；枣园好果率由87.3%提高至90.5%，单果重由5.8克提高至6克。同时，果园虫害率由46%降低至3.66%，农药少用1/3。由于在果园中放养的鸡，捕食肉类害虫,蛋白质、脂肪供应充分,所以生长迅速。较农家庭院饲养生长速度快33%,日产蛋量多18%,而且节约饲料成本60%以上。

在果园选择上,以干果、主干略高的果树和使用农药较少的果园地为佳。最理想的是核桃园、枣园、柿园和桑园等,并且要求排水良好。这些果树主干较高,果实结果部位亦高,果实未成熟前坚硬,不易被鸡啄食。其次为山楂园,因山楂果实坚硬,全年除防治1~2次食心虫外,很少用药。在苹果园、梨园、杏园养鸡,放养期应躲过用药和采收期,以减少药害以及鸡对果实的伤害;也可以在用药期,临时用隔网分区喷药,分区放养。

(2)林地 林地中牧草和动物蛋白质饲料资源丰富,空间宽敞,空气新鲜,环境幽雅,适宜柴鸡生态放养。

放养时要充分发挥林地的有利条件:一是鸡觅食林中的虫、草,排泄的粪便增加地力,促进林木生长,减少化肥开支和污染。同时,树林密集的树冠,为鸡的生活提供了遮荫避暑防风避雨的环境,鸡在林丛中觅食,还可躲避老鹰的侵袭。二是鸡在林地活动范围大,抗病力增强,平时管理上很少用药,生产出来的鸡蛋、鸡肉无药物残留。三是林地中优质饲料多。除了丰富的可食牧草外,春季有金龟子、红蜘蛛、象甲、行军虫、枣尺蠖等;夏秋季节有蚂蚱、蟋蟀、毛虫、蜘蛛、食心虫、蚯蚓等;冬前有快入土和已入土的成虫、幼虫、虫卵、蛹茧等。林地放养为柴鸡提供了丰富的营养,可节约饲料10%,降低饲养成本10%~20%。

林地养鸡,必须注意选择合适林分。林冠较稀疏、冠层较高(4~5米以上)、郁闭度在0.5~0.6之间的林分,透光和通气性能较好;林分郁闭度大于0.8或小于0.3时,则不利于雏鸡生长。要求林地地势高燥、排水良好、环境安静,杂草和昆虫较丰富,鸡能自由觅食、活动、休息和晒太阳。林地以中成林为佳,最好是成林林地。

鸡舍坐北朝南，鸡舍和运动场地势应比周围稍高，倾斜度以10°～20°为宜，不应高于30°。树枝应高于鸡舍门窗，以利于鸡舍空气流通。

山区林地最好是果园、灌木丛、荆棘林或阔叶林等，土质以砂壤土为佳，若是黏质土壤，在放养区应设立一块沙地。附近最好有小溪、池塘等清洁水源。鸡舍建在向阳南坡上。

果园和林间隙地可以种植苜蓿等饲草。据试验，在鸡日粮中加入3～5%的苜蓿粉不但能使蛋黄颜色更黄，还能降低鸡蛋胆固醇含量。

(3)农田 旱作农田可以放养柴鸡，一般选择种植玉米、高粱等高秆作物的农田或不易被放养鸡采食毁坏的种植棉花的棉田，作物的生长期要在90天以上。要求地势较高，周围用围网隔离。作物长到50厘米以上时放入雏鸡，以放养混合雏鸡为主，140～150天出栏。我国玉米、高粱、棉田等的面积达3 591万公顷。农田放养柴鸡可以充分利用田地的杂草、昆虫、蜘蛛、蚯蚓等生物资源，环境安静，空气清新，鸡发病率低、肉质好，既减少了农田农作物病虫害及杂草，减少农药使用量，鸡粪又可以作为农作物的有机肥料，促进农作物的生长，提高了农牧结合的综合效益。

河北省永年县西苏乡前六星村金保升等利用农田作物生长优势，大力发展田间养鸡。实践证明：农田养鸡可提高作物产量5%～8%，节省饲料80%，单鸡增加效益5～6元。其具体做法概括起来是：适时放养，一年两批，灯光诱虫。

棉田放养柴鸡效益最佳。棉花是我国一些省份的主要经济作物和油料作物，种植面积达592.6万公顷。但是由于虫害严重（以棉铃虫、棉蚜、盲椿象为主），致使农药的喷施量增加，不仅增加了生产成本，还造成药物残留对人体和环境的威胁。尽管目前大力普及抗虫棉，虫害的发生有所降低，但生产中农药的使用还是很惊人。我们在研究规模化生态养鸡中，将棉田养鸡作为一个新的尝试，通过棉田规模化养鸡，药物喷洒由18～27次降至5次，减少2次追肥，棉花每667平方米产量由100～140千克提高至150千克，每667平方米增加收入（棉＋鸡）较对照组提高20.26%（194.48元）～159.42%（618.62元），农药用量减少2/3。

(4)山场 山场具有丰富的动植物资源，如野草、野菜、树叶、果实、昆虫、腐殖质等，空气新鲜，场地宽阔，具有天然疫病隔离屏障，是生态放养柴鸡的好场地。

吉林省通化市蚕种场位于罗通山脉脚下，职工朱运利用天然草场和果树下放牧养鸡，45日龄鸡上山，经过135天的野外自然饲养，上山鸡只380只，出栏345只，成活率达90.8%，平均体重2.25千克，按照当时市场价格平均每只纯收入14.5元。

祁连山高寒牧区的肃南县韭菜沟乡和雪泉乡，在山场放养岭南黄鸡。试验安排500只规模的4群和1000只规模的3群，分别投入给7户牧民放养。分为舍饲育雏期（20～30日龄）和放养育肥期（31～80日龄）两个阶段。试验结束时（80日龄），鸡平均体重1835.7克/只，5000只鸡总成活率96.8%。出栏时平均售价14元/只，平均投入9.58元/只，平均纯收入4.42元/只。

(5)草场 草场具有丰富虫草资源，鸡群能够采食到大量的绿色植物、昆虫、草籽和土壤中的矿物质。以草养鸡，鸡粪养草，二者相互依存，相互受益。草场放养柴鸡最好选择有树木的草场，中午能为鸡群提供遮荫，下雨时能够避雨。若无树木则需搭建简易的遮荫避雨棚。

我国北方草原虫害主要是各种中小型蝗虫、草原毛虫、草地螟、草原叶甲等，这些昆虫是柴鸡的好饲料。国内北方草场放养柴鸡，单鸡全天平均摄食蝗虫净重77克，每只鸡日采食幼龄蝗虫1400～1700头，鸡只周围500米范围内几乎见不到蝗虫。经多次取样测定，4天内可使虫口密度由平均每平方米50头降低至1～3头，治蝗效率平均达96%。按放牧90天计算，每只牧鸡可控制草场蝗虫发生面积 0.27 公顷。

21. 放养场地对地势有何要求?

地势指放养场地的海拔高度情况，或高低起伏状况，应根据具体情况选择地势。

在平原的草地、农田、林地或果园，应选择地势高燥平坦、开阔的地方。避免在低洼潮湿及排水不好的的地方放养鸡，防止地势低洼排水不良、污染物在雨后被冲积沉淀，尤其是积存一些病原微生物和有毒有害的化学物质等鸡易发生消化道疾病和体内外寄生虫病。放养场地的地下水位要低。

在丘陵和山区，应选择地势较高，背风向阳的地方。山坡要缓，主要放牧地的坡度应在 40°以下，陡坡不适宜放牧。山地放养场地应注意地质构造情况，避开滑坡和塌方的地段，也应避开坡底、谷口地以及风口，以免受到山洪和暴雨的袭击。

22. 什么样的土壤适合放养柴鸡?

只要有丰富的饲草资源和非低洼潮湿地块，任何地质和土壤的地块都可放养。但是考虑放养鸡长期在一个地块生活，地质和土壤会对鸡的健康状况产生较大的影响。因此，除了有坡度的山区和丘陵以外，最好是沙质壤土，以防止雨后场地积水而造成泥泞，给鸡体健康形成威胁。

23. 放养场地水源水质有什么要求?

场址附近必须有洁净充足的水源，取用、防护方便。放牧期间需要保证充足优质的饮水，尤其是在野外植被稀疏的地块和阳光充足、风吹频繁及干燥的气候条件下，鸡的饮水量大于室内笼养鸡(300 毫升/天)。最理想的水是不经过处理或稍加处理即可饮用的水。要求水中不含病原微生物，无臭味或其他异味，水质澄清透明，酸碱度、硬度、有机物或重金属含量符合无公害生态生产的要求。

水源最好是地下水，以自来水管道输送。地面水源包括江水、河水、塘水等，其水量随气候和季节变化较大，有机物含量多，水质不稳定，多受污染，使用时必须经过处理。深层地下水水量较为稳定，并经过较厚的沙土层过滤，杂质和微生物较少，水质洁净，且所含矿物质较多。为了保证鸡体健康和产品质量达到无公害乃至绿色食品标准，应注重水的质量，包括感官指标、细菌学指标、毒理学指标等。水的质量标准应符合无公害畜禽饮用水标准，见表 3-1。

当畜禽饮用水中含有农药时，农药含量不得超过表 3-2 的规定。

表 3-1　畜禽饮用水水质标准

<table>
<tr><th colspan="3" rowspan="2">项　目</th><th colspan="2">标准值</th></tr>
<tr><th>畜</th><th>禽</th></tr>
<tr><td rowspan="9">感官性状及一般化学指标</td><td>色，(°)</td><td>≤</td><td colspan="2">色度不超过 30°</td></tr>
<tr><td>浑浊度，(°)</td><td>≤</td><td colspan="2">不超过 20°</td></tr>
<tr><td>臭和味</td><td>≤</td><td colspan="2">不得有异臭、异味</td></tr>
<tr><td>肉眼可见物</td><td>≤</td><td colspan="2">不得含有</td></tr>
<tr><td>总硬度（以 $CaCO_3$ 计），毫克/升</td><td>≤</td><td colspan="2">1500</td></tr>
<tr><td>pH</td><td></td><td>5.5～9</td><td>6.4～8</td></tr>
<tr><td>溶解性总固体，毫克/升</td><td>≤</td><td>4000</td><td>2000</td></tr>
<tr><td>氯化物（以 CL^- 计），毫克/升</td><td>≤</td><td>1000</td><td>250</td></tr>
<tr><td>硫酸盐（以 SO_4^{2-} 计），毫克/升</td><td>≤</td><td>500</td><td>250</td></tr>
<tr><td>细菌学指标</td><td>总大肠菌群，个/100mL</td><td>≤</td><td colspan="2">成年畜 10，幼畜和禽 1</td></tr>
</table>

续表 3-1

项目		标准值	
		畜	禽
毒理学指标	氟化物(以 F^- 计),毫克/升 ≤	2.0	2.0
	氰化物,毫克/升 ≤	0.2	0.05
	总砷,毫克/升 ≤	0.2	0.2
	总汞,毫克/升 ≤	0.01	0.001
	铅,毫克/升 ≤	0.1	0.1
	铬,(六价),毫克/升 ≤	0.1	0.05
	镉,毫克/升 ≤	0.05	0.01
	硝酸盐(以 N 计),毫克/升 ≤	30	30

表 3-2 畜禽饮用水中农药限量指标 (单位:毫克/升)

项目	限值
马拉硫磷	0.25
内吸磷	0.03
甲基对硫磷	0.02
对硫磷	0.003
乐果	0.08
林丹	0.004
百菌清	0.01
甲萘威	0.05
2,4-D	0.1

注:摘自《NY 5027—2001 无公害食品 畜禽饮用水水质》

24. 放养场地对地形、面积有何要求?放养密度如何确定?

(1)地形 指放养地的形状、范围和地物的相对平面位置状况。面积是指放养地地块的大小。由于实行规模化养殖,放牧地块面积尽量大而宽阔，一般不小于2公顷。不要选择过于狭长或边角过多的多边形地块，以方正规范的地块最佳。如果在面积很大的地块放养，可根据饲养数量将其分割成若干小块。但一般而言，每个小块放牧地的面积应在7 850平方米以上。

(2)放养密度 生态放养柴鸡确定适宜的养殖密度很重要。应该坚持以生态效益优先，尤其是在山场放养，既要充分利用山场生物资源，又不能使之受到破坏。国内近年各地推荐的饲养密度相差悬殊，从750～7 500只/公顷不等。

为了研究柴鸡在山场的适宜放养密度，我们将山地草场分成4个类型：第一种：以山地果园和山地人工草地为代表的经过人工改造的人工山场。土层较厚(50厘米以上)，土壤肥沃，可食牧草丰富，每平方米可食牧草在1 600株以上；第二种，优质山场。土层较厚(30～50厘米)，土壤较肥沃，可食牧草较多，每平方米可食牧草800株以上；第三种，一般山场。土层较薄(15～30厘米)，可食牧草较少，每平方米可食牧草400株以上；第四种，退化山场，土层薄(0～15厘米)，可食牧草少，每平方米可食牧草小于400株。分别在4种类型的草坡上，随即划分3个约1公顷大小的小区(边长均为100米见方的地块)，以尼龙网隔开，设置高、中、低3个饲养密度的育成后期的柴鸡。每只每天定量补充饲料(玉米)50克，其余自由采食山场自然草料。各组密度设计见表3-3。

表3-3 不同草场类型试验密度的设计 (单位：只/公顷)

草地类型	人工山场			优质山场			一般山场			退化山场		
放养密度	1050	750	450	750	600	450	600	450	300	300	150	75

判断标准：观察鸡的采食和生长情况，以及草场植被情况，确定适宜的密度。分为3个标准：过牧——鸡明显采食不足，生长缓慢，草的生长量低于采食量，山地有明显的刨坑，表明山地植被受

到明显破坏，牧草生长受阻；适宜——每天补充50克玉米的情况下，鸡生长发育正常，草的生长量与采食量相当，没有发现明显的植被受到破坏现象；余牧——鸡不仅可以满足营养，补充的饲料有剩余现象，或牧草的生长大于采食，山地没有出现过牧和受到破坏的痕迹。

经过2个月的试验观察，人工山场，高密度（1 050只/公顷）出现明显的过牧现象。中密度（750只/公顷）基本正常，但在局部地区有一定的过牧现象。低密度（450只/公顷）出现余牧现象；优质山场，高密度（750只/公顷）出现明显的过牧现象。中密度（600只/公顷）也出现一定的过牧现象，而低密度（450只/公顷）为最佳放养密度；一般山场与优质山场相似，高、中密度都出现过牧，而每公顷300只比较合适；退化山场，由于自身明显退化，植被生长不良，以最低密度放养没有表现对生态的破坏，鸡的生长发育也基本正常。而高、中两个密度都加剧山场的退化。

根据以上观察，提出不同山场类型柴鸡适宜放养密度。见表3-4。

表3-4　不同山场类型柴鸡放养密度　（只/公顷）

山场类型	适宜密度	最大密度	备　注
人工山场	450～750	900	人工种植牧草的草坡可采取上限，果园内自然草坡取下限
优质山场	375～525	600	根据可食牧草的密度灵活掌握
一般山场	225～300	450	根据可食牧草的密度灵活掌握
退化山场	封山	150	尽量封山，以恢复山场植被。最多不超过150只/公顷

（3）在果园、农田、林地草场　可根据放养区植被状况、鸡的日龄和活动范围确定放养柴鸡的密度。推荐密度见表3-5。

表 3-5　不同放养场地放养柴鸡数量表　（单位:只/公顷）

放养场地	果　园	农　田	林　地	山　场	草　场
放养鸡数量	525～750	375～525	450～600	300～750	525～825

25. 什么样的植被适合放养柴鸡?

鸡采食牧草是有选择性的,对有些草喜欢吃,而有些草根本就不吃。植被状况是决定放养鸡效益高低、效果优劣,乃至成功与否的最关键的要素之一。考察植被需要注意两个方面的问题,一是植被多少。即野生或人工牧草的生长密度或牧草的覆盖率。当然,单位面积的牧草越多越好。二是植被的结构。如果以鸡喜欢采食的牧草占据主导位置,这样的放牧是优良的。否则,如果野生杂草的覆盖率较高,都是鸡不采食的劣质草类,这样的退化草场是不适合直接放养鸡的,应经过草种改良后再放养。根据观察,鸡喜欢采食幼嫩多汁无异味的牧草,特别是一些野菜类。而那些粗硬、含水率较低、带有臭味或其他异味的草,鸡不喜欢吃或根本就不吃。一般来说,人工草场放养柴鸡没有问题,果园、农田、林地的野草质量也较好。但在退化的天然草场和土地条件较差的山地和丘陵,生长的多是抗逆性较强的劣质草,其可食性差,多数不能被利用,这样的地方不适于放养柴鸡。

26. 放养鸡场如何规划布局?

生态放养鸡场一般每批鸡饲养量 500～3 000 只,规模相对较小,各类设施建设和布局相对简单。但总体布局要科学、合理、实用,并根据地形、地势和当地风向确定各种房舍和设施的相对位置。包括各种房舍分区规划、道路规划、供排水和供电等线路布置以及场区内防疫卫生的安排,要做到既考虑卫生防疫条件,又照顾到相互之间的联系。否则,容易导致鸡群疫病不断,影响生产和效益。

(1)规模计划 根据表 3-6 计算出合理的育雏舍面积。

表 3-6 雏鸡的饲养密度 (单位:只/米²)

周 龄	立体笼养	平面育雏
1～2	60～75	25～30
3～4	40～50	25～30
5～6	27～38	12～20

根据放养区面积、植被状况,参考表 3-5 计算出放养鸡规模。一般每一鸡舍(棚)容纳 300～500 只的产蛋鸡或 500 只的青年鸡(5～8 只/米²)。根据放养鸡规模和建筑规格计算出放养鸡舍面积。

(2)场区布局 放养场要求设有生活管理区、生产区和无害化处理区,各区功能界限明显。

生活管理区位于场区主导风向的上风处及地势较高处,包括办公室和生活用房。考虑人员工作和生活集中场所的环境保护,要使其尽量不受饲料粉尘、粪便气味和其他废弃物的污染。

生产区是总体布局的中心主体,区内按规模大小、饲养批次不同分成几个小区,区与区之间要相隔一定距离。生产区位于生活管理区的下风向处,主要包括育雏区和放养区,依次建有饲料库、蛋库、雏鸡舍和放养鸡舍。育雏舍距不低于 30 米,放养鸡舍距按照放养鸡的活动半径设计,一般不低于 180 米。需要注意生产鸡群的防疫卫生,尽量杜绝污染源对生产鸡群的环境污染。

如地势与风向在方向上不一致时,则布局以夏季主风向为主。对因地势造成水流方向与建筑物相悖的,可用沟渠改变流水方向,避免污染鸡舍;或者利用侧风向避开主风,将需要重点保护的房舍建在“安全角”的位置,以免受上风向空气污染。根据拟建场区土地条件,也可用林带相隔,拉开距离,将空气自然净化。对人员流动方向的改变，可用筑墙等设施阻隔或种植灌木加以解决。

场内道路应分为清洁道和脏污道，互不交叉。清洁道用于鸡只、饲料、饲养和清洁设备等的运输。脏污道用于处理鸡粪、死鸡和脏污设备等的运输。饲料、粪便、产品、供水及其他物品的运输尽量呈直线往返，减少拐弯。

无害化处理区设在生产区下风向的地势低洼处。

27. 柴鸡放养必须用围网吗？怎样建围网？

为了预防兽害和鸡只走失，或为了划区轮牧、预防农药中毒，放养区周围或轮牧区间应设置围栏护网，尤其是果园、农田、林地等分属于不同农户管理的放养地。如不设置围网，将增加管理难度，鸡只容易造成兽害或与邻居产生矛盾。在山场和草场等面积较广阔的放养地，可不设围网，采用移动鸡舍实施分区轮牧。

放养区围网可用1.5～2米高的铁丝网或尼龙网，每隔8～10米设置一根垂直稳固于地基的木桩、水泥桩或金属管立柱。将铁丝网或尼龙网固定在立柱上，人员出入口处设置宽能进出车辆的门一个。放养鸡舍（棚）前活动场周围设2米高的铁丝或尼龙丝防护网，并与鸡舍（棚）相连，用于夜间护鸡。

28. 生态放养鸡是否还需要建鸡舍？

为了提供傍晚补料、防风避雨、夜晚休息、避敌避害的场所，以及便于管理，需要为生态放养鸡建造鸡舍。如果没有鸡舍，放养鸡会四处为家，到处产蛋，并且易受野兽侵害。如遇风暴急雨损失严重，也不便于补饲和防疫管理。鸡舍可以为放养鸡提供安全的休息场地，驯化好的放养鸡傍晚会自动回到鸡舍采食补料，夜晚进舍休息，方便捕捉及预防注射。

29. 放养鸡场鸡舍建筑有哪些要求?

(1)防暑保温、背风向阳、光照充足 放养鸡舍建在野外,舍内温度和通风情况随着外界气候的变化而变化,这种影响直接而迅速。因此,鸡舍要做到防暑保温。

鸡舍朝向的选择应根据当地气候条件、鸡舍的采光及温度、通风、地理环境、排污等情况确定。鸡舍朝南,冬季日光斜射,可以充分利用太阳辐射的温热效应和射入舍内的阳光,以利于鸡舍的保温取暖。鸡舍内的通风效果与气流的均匀性、通风的大小有关,但主要看进入舍内的风向角度多大。若风向角度为 90°,则进入舍内的风为“穿堂风”,舍内有滞留区存在,不利于排除污浊气体,在夏季不利于通风降温;若风向角度为 0°,即风向与鸡舍的长轴平行,风不能进入鸡舍,通风量等于零,通风效果最差;只有风向角度为 45°时,通风效果最好。因此,鸡舍长轴以东西向为主,偏转角度不超过 15°。

放养鸡舍窗户的面积大小也要恰当,以保证光照充足,一般窗户与地面面积之比为 1∶5。

(2)布列均匀 如果饲养规模大而棚舍较少,或放养地面积大而棚舍集中在一角,容易造成超载和过度放牧,影响正常生长,造成植被破坏,并易促成传染病的暴发。因此,应根据放养规模和放养场地的面积确定搭建棚舍的数量。多棚舍要布列均匀,间隔 180～200 米。

(3)便于卫生防疫 在设计鸡舍建造时必须考虑以后便于卫生管理和防疫消毒。鸡舍内地基要平整坚实,易于清扫消毒。屋顶、墙壁应光滑平整、耐腐蚀、易清洗消毒。鸡舍入口处应设消毒池。鸡舍所有门窗、通风口应设防蚊蝇、防鸟设施,避免引起鸡群应激和传播疾病。鸡舍周围 30 米内不能有积水,以防舍内潮湿孳生病菌。棚舍内地面要铺垫 5 厘米厚的沙土,并且根据污染情况定期更换。

30. 生态放养柴鸡的鸡舍有哪些形式？各有什么特点？

放养鸡舍一般分为普通型鸡舍、简易型鸡舍和移动型鸡舍。普通鸡舍常用于育雏、放养鸡越冬或产蛋鸡；简易鸡舍一般用于放养季节的青年鸡；移动型鸡舍主要用于青年鸡划区轮牧。无论是在农田、果园还是林间隙地中生态养鸡，棚舍作为鸡的休息和避风雨、保温暖的场所，除了背风向阳、地势高燥外，整体要求应符合放养鸡的生活特点，并能适应野外放牧条件。

(1)普通型放养鸡舍 放养鸡舍主要用于生长鸡或产蛋鸡放养期夜间休息或避雨、避暑。总体要求保温防暑性能及通风换气良好，便于冲洗排水和消毒防疫，舍前有活动场地(图 3-1)。这类鸡舍无论放养季节或冬季越冬产蛋都较适宜。鸡舍高 2.2～2.5 米，宽 4～6 米，长 10～12 米。产蛋鸡舍要求环境安静。一般每一普通型鸡舍能容纳 300～500 只的产蛋鸡或 500 只的青年鸡。

利用村边家庭的空闲房舍，经过适当修理，使其符合放养鸡要求，可以节约鸡舍建筑投资、降低成本。一般旧的农舍较矮，窗户小，通风性能差。改建时应将窗户改大，或在北墙开窗，增加通风和采光量。舍内要保持干燥。旧的房屋地基大都低洼，湿度大，改建时要用石灰、泥土和煤渣打成三合土垫高舍内地面。

(2)简易型鸡舍 放养鸡的简易棚舍，主要是为了在夏秋季节为放养鸡提供遮风避雨、晚间休息的场所。棚舍材料可用砖瓦、竹竿、木棍、角铁、钢管、油毡、石棉瓦以及篷布、塑编布、塑料布等搭建；对简易棚舍的主要支架用铁丝分 4 个方向拉牢(图 3-2，图 3-3)。其建筑方法和结构形式不拘，随鸡群年龄的增长及所需面积的增加，可以灵活扩展，要求鸡舍能保温挡风、不漏雨不积水。简易型鸡舍高 2～2.2 米，宽 3～5 米，长 8～10 米。一般每一鸡舍能

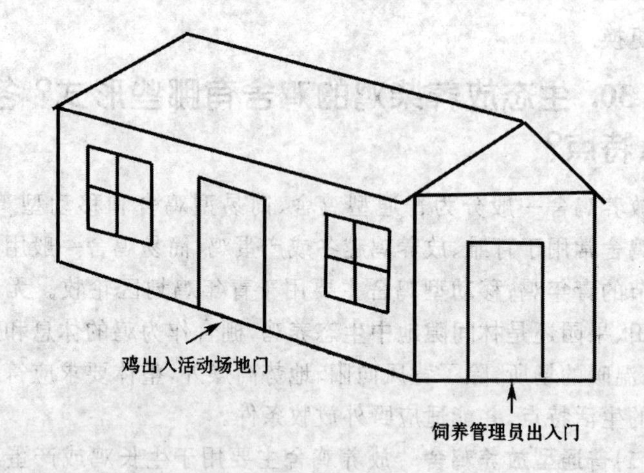

图 3-1 普通型放养鸡舍

容纳 200～300 只的青年鸡或 200 只左右的产蛋鸡。

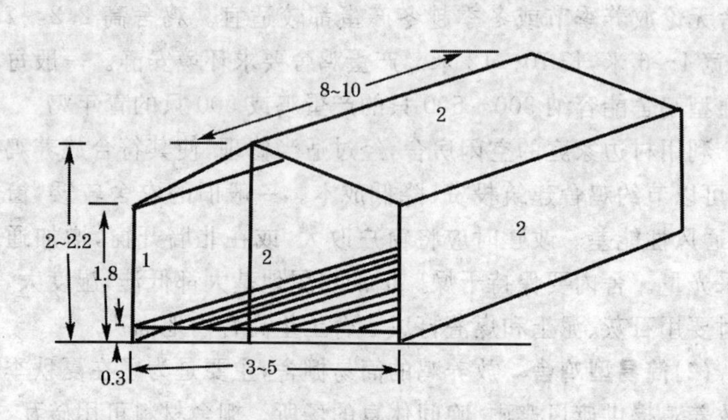

图 3-2 简易型鸡舍 （单位:米）

1. 主要支架 2. 塑编布

简易鸡舍如简易的塑料大棚,其突出优点是投资少,见效快,设备简单,建造容易,拆装方便,不破坏耕地,节省能源,适合小规模和短平快放养鸡群。与建造固定鸡舍相比,资金的周转回收较

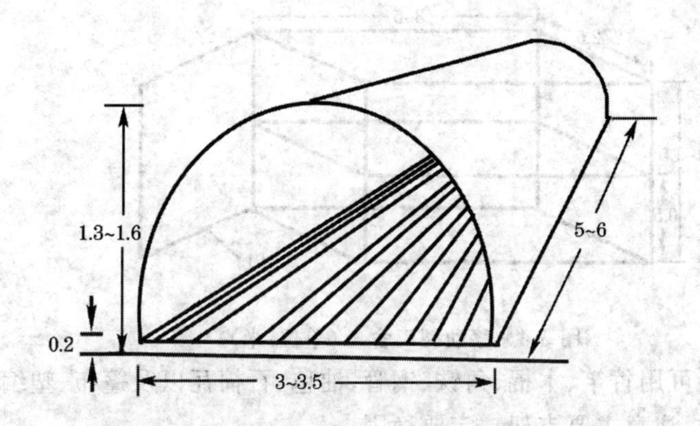

图 3-3 简易型鸡舍 (单位:米)

快;缺点是保温性能差、易潮湿和不防火。塑料大棚养鸡,在通风、取暖、光照等方面可充分利用自然能源,冬天提高舍温,降低能耗;夏天棚顶盖厚 1.5 厘米以上的麦秸或草帘子,可使舍内温度比舍外低 2℃～3℃,如果结合棚顶喷水,可降低 3℃～5℃。

(3)移动型鸡舍 移动型鸡舍适用于喷洒农药和划区轮牧的棉田、果园、草场等场地,可以充分利用自然资源,便于饲养管理,用于放养期间的青年鸡。材料以钢架及铁网结构为主,周围用塑料布、塑编布、篷布均可,但注意要留有透气孔。底架要求坚固,若要推拉移动,底架下面要安装直径 50～80 厘米的车轮,车轮数量和位置应根据移动型鸡舍的长宽合理设置;亦可用车辆运载。一般高 1～1.5 米,宽 2～2.5 米,长 3～5 米,每高 50 厘米设一平隔层(图 3-4)。每一移动型鸡舍可容纳 200～250 只的青年鸡。使用移动型棚舍,开始鸡可能不适应,因此要注意调教驯化,主要是用饲料引鸡入笼。

31. 怎样设计与建设放养鸡舍?

(1)建筑材料 育雏鸡舍和普通放养鸡舍可用砖瓦结构,简易

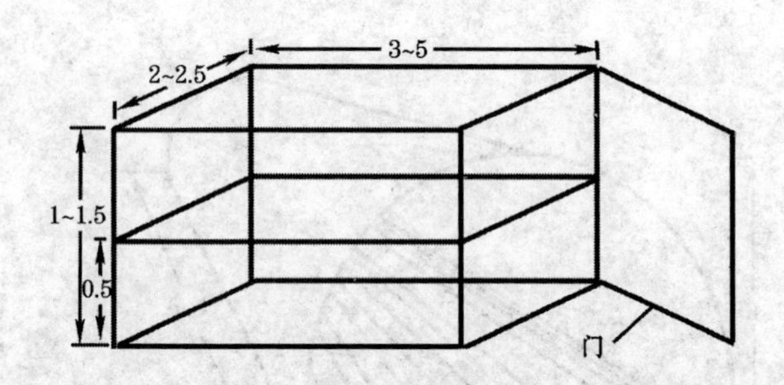

图 3-4 移动型鸡舍 （单位：米）

棚舍材料可用竹竿、木棍、角铁、钢管、油毡、石棉瓦以及篷布、塑编布等搭建，注意主要支架一定要稳固。

（2）地基、地面 地基要坚实、组成一致，最好建在沙砾土层或岩性土层上。地面要求高出舍外地面 10～15 厘米，平整坚实。

（3）屋顶 屋顶形状以"A"字形为主，跨度较小的也可建成平顶或拱形。

（4）鸡舍门窗

①雏鸡舍 设 1～2 个门，位置在鸡舍南墙的两端或山墙，门口设缓冲间。门高 2 米，宽 1～1.2 米；在南、北墙距舍内地面 1.2 米处，每隔 3 米设 1 个宽 0.5～0.6 米、高 0.8～0.9 米的窗户。

②普通鸡舍 设 1 个门，位置在鸡舍南墙的一端或山墙，门高 2 米，宽 1.2～1.3 米；在南墙距舍内地面 1 米处，平均每隔 2.5 米设置 1 个窗户，窗宽、高各 0.8～1 米。

③简易棚舍 一般不设窗户，在棚舍一端或侧面设 1 个门，高 2 米，宽 1.2～1.3 米。移动棚舍不设窗户，棚舍一侧或两侧设活动侧门。

32. 移动棚舍有什么好处？

移动棚舍可以充分利用自然资源，划区轮牧，保护植被，避免农药中毒，提高放养鸡效益。

一般平原地区放养鸡的果园、农田和草场，以鸡舍为圆心，70%以上的鸡在半径50米以内活动，90%以上在半径100米以内活动。一般每667平方米草地柴鸡的适宜放养数量是20～30只，好的草场可达到40～50只，最高不宜超过80只。放养一段时间后便可发现，鸡舍周围的草变得少多了，虫子就更寥寥无几。接下来就是补饲量的增加，放养场地出现许多被鸡刨出的土坑，植物根茎被鸡啄食，造成植被破坏和养鸡效益降低。另外，治虫季节果园和农田喷洒农药后，如继续放养柴鸡，极易造成农药中毒和产品农药残留。

使用移动棚舍并且采用划区轮牧能很好地解决上述问题。方法是将放养场地划分为若干小区，用移动棚舍将柴鸡先运到一个小区放牧5～7天，等这一小区的虫、草被柴鸡采食得差不多或其他喷洒农药的小区药力已降低到没有危害时，再用移动棚舍将鸡运到另一小区放牧。这样，既充分利用了野外自然虫草资源，保护了植被，又可以避免农药中毒，减少补饲量。

33. 为什么要搭建遮阳棚？怎样搭建？

放养鸡场是完全开放的环境，柴鸡放牧于野外，直接遭受暴风急雨、酷热严寒的影响。尤其是炎热的夏季中午，如果放养场地内没有树木遮荫，鸡只直接暴晒于直射的阳光下，容易造成中暑和热应激，影响生长发育和生产性能。突然而来的疾风骤雨、冰雹，同样对鸡只造成严重危害。搭建遮阳棚可有效避免上述伤亡。

遮阳棚可用遮阳网或石棉瓦搭建，四角用支架撑起。每个遮阳棚5～6平方米，可容纳30～50只鸡遮荫避雨。根据放养规模和群体数量计算建设数量，均匀分布于远离鸡舍的放养区内。

34. 怎样搭建栖架？

栖架设置于普通鸡舍和简易棚舍内，用于放养鸡夜间在棚舍内休息，并避免地面潮湿对鸡的影响。栖架为“A”字形，用木杆、竹竿或钢管搭建。顶端角度不小于 60°，横档之间的距离不小于 35 厘米。每只鸡所占栖架的宽度不低于 17～20 厘米。

35. 产蛋窝的规格多大？如何布置与建设？

产蛋窝的多少、大小、位置等，对鸡的产蛋行为和鸡蛋的外在质量有较大影响。规格一般为宽 30 厘米、高 37 厘米、深 37 厘米，前面为产蛋鸡出入口。产蛋窝可用砖瓦结构，搭建 2～3 层，最底层距离地面 0.3 米。产蛋窝应建于避光安静处，分布要均匀，放置应与鸡舍纵向垂直，即产蛋窝的开口面向鸡舍中央。

产蛋窝数量少，容易造成争窝现象，久而久之使争斗的弱者离开而到窝外寻找产蛋处。因此，配备足够数量的产蛋窝很有必要。由于柴鸡的产蛋率较现代品种鸡低，产蛋时间较分散，可每 5 只母鸡配备 1 个产蛋窝。开产时窝内放入少许麦秸或稻草，并放入一空蛋壳或蛋形物以引导产蛋鸡在此产蛋。

36. 放养鸡的喂料设备有哪些类型？如何自制喂料设备？

(1)料桶 料桶可用于 2 周龄以后的小鸡或大鸡，其结构为一个圆桶和一个料盘。圆桶内装上饲料，鸡吃料时，饲料从圆桶内流出。它的特点是一次可添加大量饲料，贮存于桶内，供鸡只不停地采食。目前市场上销售的饲料桶有 4～10 千克的几种规格。容量大，可以减少喂料次数，减少对鸡群的干扰，但由于布料点少，会影响鸡群采食的均匀度；容量小，喂料次数和布点多，可刺激食欲，有利于鸡加大采食量及增重，但增加工作量。

料桶应随着鸡体的生长而提高悬挂的高度，要求料桶圆盘上缘的高度与鸡站立时的肩高相平即可。若料盘的高度过低，因鸡挑食溢出饲料而造成浪费；料盘过高，则影响鸡的采食，影响生长。

(2)料槽 放养鸡用的料槽，底宽10～15厘米，上口宽15～18厘米，槽高10～12厘米，料槽底长110～120厘米(图3-5)。要求料槽方便采食，不浪费饲料，不易被粪便、垫料污染，坚固耐用，方便清刷和消毒。为防止鸡只踏入槽内弄脏饲料，可在槽口上方安装一根能转动的横杆或盖料隔，使鸡不能进入料槽，以防止鸡的粪便、垫料污染饲料。合理安放料槽的位置，使料槽高度与柴鸡的胸部平齐。每只鸡所占的料槽长度见表3-7。

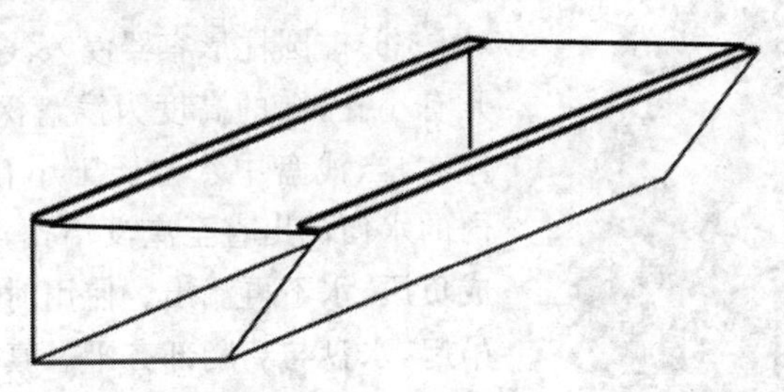

图3-5 料 槽

表3-7 雏鸡需要的料槽及水槽的长度 (单位:厘米/只)

周 龄	料槽长度	水槽长度
1～2	3	1
3～4	4	1.5
5～8	5	2

一般采用木板、镀锌板和硬塑料板等材料制作，也可制成固定式的水泥槽，上加盖4厘米×4厘米金属网。

37. 生态放养鸡的饮水设备有哪些类型？如何自制饮水设备？

放养柴鸡的活动面积相对较大，夏季天气炎热，又经常采食一些高黏度的虫体蛋白，饮水量较多。所以，对饮水设备要求既要供水充足、保证清洁，又要尽可能节约人力，并且要与棚舍整体布局形成有机结合。

(1)水槽 水槽通常由镀锌铁皮或塑料材料制成，呈长条"V"字形，挂于鸡笼或围栏之前。其优点是鸡喝水方便，结构简单，清洗容易，成本低。缺点是水易受到污染，易传播疫病，耗水量大。

图 3-6 真空饮水器

(2)真空饮水器 由一圆锥形或圆柱形的容器倒扣在一个浅水盘内组成(图 3-6)。圆柱形容器浸入浅盘边缘处开有小孔，孔的高度为浅盘深度的 1/2 左右，当浅盘中水位低于小孔时，容器内的水便流出直至淹没小孔，容器内形成负压，水不再流出。使用时将饮水器吊起，水盘与鸡胸部齐平。真空饮水器轻便实用，也易于清洗。

(3)自动饮水装置 自动饮水装置适用于大面积的放养鸡场。

① 自动饮水装置Ⅰ 根据真空饮水器原理，利用铁桶改装，如图 3-7 所示。水桶离地 30～50 厘米。将直径10～12 厘米的塑料管沿中间分隔开用作水槽，根据鸡群的活动面积铺设水槽的网络和长度。向水桶加水前关闭"水槽注水管"，加满水后关闭"加水管"，开启"水槽注水管"，"进气管"进气，水槽内液面升高；待水槽内液面升高至堵塞"进气管"口时，水桶内的气压形成负压，"水槽注水管"停止漏水；待鸡只饮用水槽内的水而使液面降低露出进气口时，"进气管"进气，"水槽注水管"出水。如此反复而达到为鸡群提供饮水的目的。

② 自动饮水装置Ⅱ 将一水桶放于离地 3 米高的支架上，用直径 2 厘米的塑料管向鸡群放养场区内布管提供水源，每隔一定长度在水管上安置一个自动饮水器，该自动饮水器安装了漏水压

力开关，如图 3-8 所示。当水槽内没有水或水少饮水器自重较轻时，弹簧将水槽弹起，漏水压力开关开启，水流入水槽；当水槽里的水达到一定量时，压力使水槽往下移动，推动压力弹簧，将漏水开关关闭。

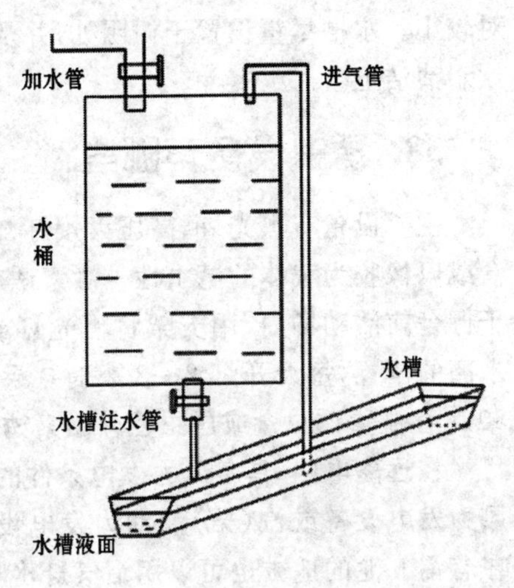

图 3-7　自动饮水装置Ⅰ

生态养鸡的供水是一个困难问题。采用普通饮水器，其容水量少，在野外放置受污染较严重，费工、费力、费水。自动饮水装置Ⅰ是普通真空饮水器的放大，一桶约盛水 250 升，可供 500 只鸡 1 天的饮水量。节省了人工，但是水槽连接要严密，水管放置要水平，否则容易漏水溢水；自动饮水装置Ⅱ克服了上面两种饮水装置的缺点，节约人工，且不容易漏水，用封闭的水管导水，污染程度相

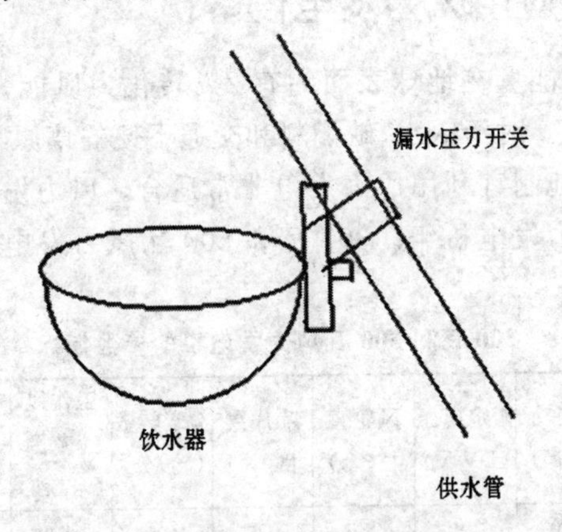

图 3-8　自动饮水装置Ⅱ

对较小。水槽尽量设置于树阴处，并及时清除水槽内的污物，保持饮水清洁卫生。

38. 诱虫设备有哪些？

主要设备有黑光灯、高压灭蛾灯、白炽灯、荧光灯、性激素诱虫盒或以橡胶为载体的昆虫性外激素诱芯片等。有虫季节在傍晚后于棚舍前活动场内，用支架将黑光灯或高压灭蛾灯悬挂于离地 3 米高的位置，每天开灯 2～3 小时。果园和农田每公顷放置 15～30 个性激素诱虫盒或昆虫性外激素诱芯片，30～40 天更换 1 次。

在远离电网、具备风力发电条件的放养场可配备 300～500 瓦风力发电设备或汽（柴）油动力发电设备，用于照明及灯光诱虫。在有沼气池的地方也可以用沼气灯傍晚进行灯光诱虫。

39. 怎样应用风力发电设备？

太阳辐射的能量在地球表面约有 2％转化为风能，风是没有公害的能源之一。对于缺水、缺燃料和交通不便的草原牧区、山区和高原地带，因地制宜利用风力发电非常适合。风力发电所需要的装置，称为风力发电机组。300 瓦和 500 瓦风力发电机的参数指标见表 3-8。

表 3-8　300 瓦和 500 瓦风力发电机的参数指标

型　号	额定功率（瓦）	额定电压（DV-V）	风轮直径（米）	叶片数目（片）	额定转数（转/分）	工作风速范围（米/秒）	塔架高（米）
FD-300W	300	28	2.5	3	400	3～30	5.5
FD-500W	500	28	2.7	3	400	3～30	5.5

根据放养场电力需要确定采购风力发电机的功率，可用 2 个 12 伏电瓶串联应用；配套装置还有电压逆变器。整套装置按照说明书安装。

40. 放养鸡场怎样防盗？防盗设备有哪些？

放养鸡场面积广大，鸡舍分散，安全管理难度较大。一些放养鸡场夜间有时发生放养柴鸡被盗，少则十几只，多则几十只或上百只，造成损失。放养鸡场需要采取以下防盗措施。

(1)加强管理，夜间值班巡防 尤其到了秋后放养鸡即将上市季节，应加强防范，夜间轮班巡防，雷雨、大风之夜更应戒备被盗。

(2)设置防盗设施 在放养场地周围建设较为牢固的金属丝围栏能起到一定的防盗作用，平时要注意维护，及时修补漏洞破损。

(3)养鹅预警护鸡 鹅的天性勇敢好斗，见到陌生入侵者会鸣叫示警，甚至上前啄咬，管理人员听到鹅的叫声应立即前往查看。据调查，每500只放养柴鸡配养4～5只鹅，有很好的防盗、防兽害作用。

(4)安装无线防盗报警装置 在需要防范的区域安装好探测器，如果有盗贼进入探测器的防范区域，探测器立即发射经数字编码的报警信号，该信号由防盗报警器主机接收（主机可放在办公室、卧室、客厅等地方），处于警戒状态的报警主机接收信号后，立即发出刺耳的警报声。根据报警声区分不同的报警防区，快速判断入侵方位。一般有4～8个无线防区报警指示，多的达30个防区。该装置可数码显示报警时间和防区，报警方位及时准确。面板设有“撤防”、“布防”按键，无须遥控器也可对主机布/撤防控制，方便实用。探测器和主机无线工作距离大于600米，远的达3～10千米，采用密码无线传输，安全性强。主机交、直流两用，停电照常工作。主机可独立布防，也可配置遥控器布防、撤防，有紧急防抢报警按钮。

无线防盗报警器市售品牌很多，一套大约200元左右，比较适用于放养鸡场防盗。

四、放养鸡的营养需要与饲料配合

41. 放养柴鸡的采食特点是什么?

(1)杂食性 放养柴鸡在野外自由采食时,采食范围非常广泛。动物性、植物性、单细胞类和矿物质饲料都可以被柴鸡充分利用。常见的有树叶、青草、籽实、虫蛹、蚂蚁、蚯蚓、蝇蛆、昆虫等各种营养丰富的生物饲料,不仅可以满足柴鸡自身的营养需要,还可以起到生物灭虫的作用。

(2)觅食力强 柴鸡适应性强,抗病力强,觅食力强。在放养的情况下,柴鸡能够在地面上找到一切可以利用的营养物食用,可以在土壤中寻觅到自身所需的矿物元素,可大大降低饲料成本。鸡群的活动范围非常广阔,经过严格调教的鸡群,觅食范围可达到500米以外。

(3)喜食粒状饲料 喙的形状决定了柴鸡便于啄食粒状饲料,在实际放牧饲养条件下,柴鸡确实喜欢采食粒状饲料。在不同粒度的饲料混合物中,通常柴鸡优先啄食直径3～4毫米的饲料颗粒,最后剩下的是粉末状饲料。因此,在柴鸡放牧阶段,尽量选用加工均匀的颗粒状全价饲料作为补充料,以满足柴鸡均衡的营养需要。

42. 柴鸡的营养需要有哪些特点?

柴鸡的生长发育和生产需要能量、蛋白质、矿物质、维生素和水等营养,前4类主要通过饲料来供给。柴鸡的生长速度较慢,生长期较长,所以要求日粮的能量和蛋白质等营养含量较现代配套系蛋鸡低。在柴鸡不同生长阶段,其营养需要有所不同。我们研究提出了太行鸡(原河北柴鸡)不同生长阶段营养推荐量见表 4-1。

表 4-1 柴鸡不同生长阶段营养推荐量 (单位:%)

营养指标	育雏期(0～6 周龄)	生长期(7～12 周龄)	育成期(13～20 周龄)	开产期	产蛋高峰期	其他产蛋期
粗蛋白质	18.0	15.0	12.0	16.0	17.0	16.0
代谢能(兆焦/千克)	11.92	12.35	12.35	12.08	12.30	12.30
钙	0.9	0.7	0.7	2.4	3.0	2.8
有效磷	0.42	0.38	0.38	0.44	0.46	0.44
赖氨酸	1.05	0.71	0.56	0.73	0.75	0.73

43. 提高鸡肉和蛋黄颜色、风味的天然饲料有哪些?

为了改善蛋黄和鸡肉的色泽,提高肉、蛋产品的风味,以满足不同地区、不同消费者的嗜好,提高产品的商业价值,常在鸡饲料中添加一些品质改良剂。但为了保证产品的生态和绿色,使用添加剂时应选择天然绿色饲料。目前,常用的改善鸡肉和蛋黄颜色的天然饲料品种及推荐量见表 4-2。

表 4-2 提高肉、蛋颜色的天然饲料品种及使用推荐量 (%)

品　种	推荐量	品　种	推荐量
黄玉米	60	松针粉	5
胡萝卜	5～10	银合欢	10～15
南　瓜	10	青蒿粉	2～5
海藻粉	2～4	红辣椒粉	0.3
苜蓿粉	5	蒜辣粉(由大蒜粉和辣椒粉按 1∶1 的比例混合而成)	1

续表 4-2

品　种	推荐量	品　种	推荐量
黑麦草粉	5	胡枝子	12
聚合草	5	栀子粉	0.5～1
三叶草	5～10	艾叶粉	2～3
益母草	0.5～1	黄芪粉	2～3
苋　菜	8～10	苍术粉	2～5
野菊花粉	2～5	孔雀苹	0.3
万寿菊花粉	0.3	葡萄叶粉	6
金盏菊	0.2	蜂　蜜	1克/只·日
橘皮粉	2～5	糠虾粉	3
刺槐叶粉	5～10	蚕　砂	6

提高鸡蛋和鸡肉风味的天然饲料有以下几种。

(1)稀土　鸡日粮中添加稀土可显著提高鸡肉的香味和肉汤滋味。

(2)中草药添加剂　日粮中添加适量的中草药添加剂可提高鸡肉的鲜、甜和香味,去除腥味。

(3)桑叶粉　在鸡饲料中添加饲用桑叶粉3%,可显著提高鸡肉的风味与嫩度。

(4)大蒜　在鸡的日粮中添加大蒜或大蒜粉,可使鸡肉变得更为浓香。同时,可消除鸡因吃鱼粉而在其肉中带有的鱼腥味,且对鸡的生长无不良影响。添加量为鲜蒜(捣烂)1%～2%,蒜粉0.2%。

(5)水果皮和青草　可向柴鸡隔日投喂水果皮(如香蕉皮、西瓜皮等)和青饲料(如茅草、牛毛草等)可使鸡肉色佳、味道好。

(6)青贮饲料　用80%的日常配合饲料,15%的青贮饲料,再加5%的青苔或植物秸秆类饲料,可使鸡肉香味增加。

(7)腐叶土 可将菜园或果园土壤表面的腐叶土挖出，在常温下将其晒干后，以鸡饲料70%～80%、青饲料10%～20%、腐叶土5%～10%的配方，混匀后喂鸡，或按鸡配合饲料75%，牧草饲料15%，腐叶土10%的比例混合，经充分搅拌均匀后作日粮喂鸡，可以提高鸡肉的口感和鸡蛋的风味。

44. 哪些饲料会影响鸡蛋的风味？

鸡蛋的风味在很大程度上受饲料的影响。影响鸡蛋风味的饲料主要有：

(1)菜籽粕 产蛋鸡摄入菜籽粕后，芥子碱的代谢产物三甲胺在蛋黄中沉积，含量达1微克/克以上时即可使鸡蛋产生明显的鱼腥味。

(2)鱼粉 鱼粉用量过多也会导致腥味蛋的产生。

(3)辣椒粉 饲粮中用量达到0.4%～1%时，蛋黄会产生轻微的苦涩。

45. 为什么说动物性饲料是放养柴鸡理想的蛋白质来源？

生态放养柴鸡以采食青草、树叶、草籽、昆虫等为主，适当补饲玉米、谷子、杂粮等食物，因此放养柴鸡的生长发育可能缺乏蛋白质。而动物性饲料作为理想的蛋白质来源，有如下优点：

第一，蛋白质含量高，品质好；富含各种必需氨基酸，特别是植物性饲料缺乏的赖氨酸、蛋氨酸和色氨酸等，生物学价值很高。

第二，碳水化合物含量很少，粗纤维含量几乎为零，能量值很高。

第三，矿物质中钙、磷含量高，且比例适宜，微量元素也很丰富。

第四，各种维生素含量丰富，特别是维生素A、维生素D和B

族维生素。

第五，含有未知的具有特殊营养作用的生长因子，能提高柴鸡对营养物质的利用率，抵消矿物质的毒性，并能不同程度的刺激柴鸡的生长和产蛋。

因此，在放养柴鸡的补料中加入少量动物性饲料，例如蝇蛆、黄粉虫、蚯蚓等，可以大大改善整个日粮的营养价值，提高生产水平。

46. 蝇蛆养殖技术要点有哪些？

(1)蝇蛆的培养 可根据条件用缸、盘、池、多层饲养台等培养。饲养规模较大时可直接在地面用砖砌成高 0.2 米、面积 1～3 平方米的育蛆池，池壁用水泥抹实，池口用木框架钉窗纱作盖。生产蝇蛆，可灵活选用鸡粪、牛粪、屠宰场下脚料、酒糟、豆渣、麦麸等来源广泛、价格低廉的材料作为主要原料。原料基质要新鲜，干湿度以 60%～65%为宜，每平方米育蛆池倒入蛆料 35～40 千克，厚度 4～6 厘米为宜，接种蝇卵 20 万～25 万粒，重 20～25 克。蛆料厚度以发酵温度在 20℃～40℃为标准，一般厚度为 5～10 厘米，夏季温度偏高，蛆料要适当薄些，冬季蛆料可适当增厚些。

(2)蝇蛆的收集 接种卵后的 4～5 天幼虫即可发育成熟。利用蝇蛆怕光的特点，进行收集。用粪扒在育蛆池表层不断地扒动，促使蝇蛆往里钻，然后把表层粪料取走，反复多次，最后剩下少量粪料和蝇蛆，用 8～16 目筛分离。一般每平方米日生产幼虫可达到 0.5～1 千克。

(3)蝇蛆喂鸡的方法 蝇蛆收集后，用清水冲洗一下即可直接喂鸡，用量可占到全部饲料的 30%。由于蝇蛆中蛋白质含量较高，其他饲料要以玉米粉、小麦麸等能量饲料为主。也可将幼虫晒干或在 200℃～250℃烘干 15～20 分钟，并可进一步加工成粉贮存备用。

47. 黄粉虫养殖技术要点有哪些?

(1)种虫 养殖黄粉虫最重要的是种虫。经过细心挑选和饲养的成龄幼虫、蛹、成虫,都可以作种虫繁殖,不过最好还是用成龄幼虫作种虫为好。将成龄幼虫放入盛有麦麸的木盘中喂养,待蛹羽化成成虫。

(2)饲料 黄粉虫饲料来源广泛,麦麸、农作物秸秆、青菜、秧蔓、树叶和野草等都可。通常黄粉虫主要饲喂麦麸,也可辅以糠麸等。青菜主要是白菜、萝卜、甘蓝等叶菜。为加快繁殖生长,可在饲料中添加少量葡萄糖粉、鱼粉等。

(3)设备 黄粉虫的饲养房要透光、通风、保暖,温度在15℃~25℃,空气相对湿度控制在60%~70%。面积大小,可视养殖黄粉虫的规模而定。一般一间20平方米每房能养300~500盘。用于饲养黄粉虫的抽屉状木质饲养盘规格为50厘米×40厘米×8厘米,板厚1.5厘米。筛盘规格为45厘米×35厘米×6厘米,板厚为1.5厘米,底部为12目铁筛网,放于饲养盘中。饲养盘要放在木架上。用方木将木架连接起来固定好,防止歪斜或倾倒,然后按顺序把饲养盘排放上架。

要准备几种不同目数的铁筛网,其中12目大孔的可以筛虫卵,30目中孔的用于筛虫粪,60目的小孔筛网用于筛1~2龄幼虫。

(4)饲养管理技术要点 不同的虫期饲养管理方法不同。

①成虫期 蛹羽化成虫的过程为3~7天。成熟雌、雄成虫群集交尾都在暗处,雌虫尾部插在筛孔中产卵,这个时期不要随意搅动,发现筛盘底部附着一层卵粒时,就可以将成虫筛出后放在盛有饲料的另一盘中,每5~7天换1次卵盘。产卵期的成虫需要及时添加麦麸和鲜菜,也可增加点鱼粉。若营养不足,成虫间会互相咬杀。

②卵期 将换下的卵盘上架,可自然孵化出幼虫。孵化时不要翻动,防止损失卵粒或伤害正在孵化中的幼虫。当饲料表层出

现幼虫皮时，表明1龄虫已孵化。

③幼虫期　孵化7～9天后，待虫体体长达0.5厘米以上时，再在木盘中添加麦麸和鲜菜。每个木盘中放幼虫1千克，密度不宜过大，并随着幼虫逐渐长大及时分盘。盘中饲料逐渐减少时，用筛子筛掉虫粪，再添加新饲料。1～2龄幼虫筛粪，应选用60目筛网，以防止幼虫漏掉。黄粉虫幼虫平均9天蜕1次皮，生长期要蜕7次皮。

④蛹期　化蛹前，幼虫爬到饲料表层静卧，在最后1次蜕皮过程中完成化蛹。化成的蛹从白黄色逐渐变成暗黄色，蛹体逐渐缩短。挑蛹时要将在2天内化的蛹放在盛有饲料的同一筛盘中，坚持同步繁殖，集中羽化为成虫。

48. 蚯蚓养殖技术要点有哪些？

(1)环境要求　养殖蚯蚓的适宜温度为15℃～30℃，空气相对湿度为50%～80%，环境pH 6～8的微酸至中性时较适宜。蚯蚓要求环境通气良好，对光线反应敏感，适宜照度为32～65勒克斯，喜无光或暗光，严禁紫外光照射。夏天要注意防高温、防日光直射，冬天防冻。

(2)饵料搭配　饵料既是蚯蚓的食物，又是其生活环境。蚯蚓饲料来源广泛，如稻草、麦秸、野草、糠类、糟粕类、畜禽粪等均可作为蚯蚓的饲料来源。蚯蚓的饲料搭配至关重要。下面介绍几种配方，供参考。

配方一　牛粪20%，猪粪20%，鸡粪20%，稻草屑40%，混配后充分发酵。

配方二　干牛粪60%，碎草40%。

配方三　沼气池残渣60%，垃圾20%，秸秆或食用菌渣20%。

配方四　牛粪20%，羊粪10%，活性泥40%，垃圾30%。

另外，实践中发现，在饵料中添加香蕉皮、烂苹果、烂梨等，效果非常好。

(3)养殖方式

①简易养殖　利用房前屋后空地挖坑建池，池深 0.5～0.6 米。此种方式要注意遮荫、防雨、防冻和防天敌。或就地取材，利用旧箱、筐、盆、罐、桶等容器饲养。此法简单，易于管理。

②田间养殖　利用果园、菜园、农田等田间空隙，挖长3～4 米、宽 1 米、深 0.3～0.4 米的沟槽，投入腐熟的蚯蚓饲料，再放入蚓种，表层用麦秸或稻草覆盖。平时注意保持湿度。

③工厂化养殖　此法适于养殖生产性能较高的蚓种，如赤子爱胜蚓、红色爱胜蚓等。可利用普通房间、塑料大棚或半地下温室，进行周年生产。养殖床宽 1.5 米、深 0.4 米左右，也可用竹、木、塑料制的箱子，大小以两个人能搬动为宜，规格为 60 厘米×30～40 厘米×20 厘米，立体叠放，可放 4～5 层。

(4)采收　当养殖床内的蚯蚓大多数达到 400 毫克，而且密度较大时(1.5 万～2 万条/平方米)，就应及时采收部分成蚓。室内床养、箱养或池养的，利用蚯蚓的避光性，将饲料中聚集成团的蚯蚓放在 5 毫米的大筛子上，筛子下面放容器，光照使之钻到下面的容器内。田间养殖可利用蚯蚓夜间爬到地表采食的活动习性，在夜间 3～4 时携带弱光电筒采收，也可用水灌法使蚯蚓大量爬出捕捉。

(5)蚯蚓喂鸡方法　蚯蚓可以鲜喂或烘干粉碎制成蚯蚓粉饲喂。鲜喂时为防止蚯蚓传播寄生虫，最好应先漂洗干净并加热煮沸 5～7 分钟，以有效杀死蚯蚓体内外寄生虫之后，切成小段再饲喂。饲喂时以达到饲料量的 5%较好。

49. 柴鸡喜食哪些野生饲料?

(1)野生植物性饲料　野生青绿饲料包括野草、野菜、青绿树叶以及生长在池沼和浅水中的藻类等。如豆科的苜蓿和草木樨；

禾本科的狗尾草、俭草、虎尾草、稗草、胡枝子、鸡眼草；野菜类的灰菜、猪毛菜、刺儿菜、马齿苋、野苋菜、苍耳、苦苣菜、牛舌菜、拉拉藤；青绿树叶有杨树叶、柳树叶、榆树叶、桑树叶、槐树叶、合欢叶、泡桐叶以及各种果树的叶及水草等。这些野生植物饲料幼嫩期粗纤维含量较少，易消化，适口性好，富含粗蛋白质和各种维生素。放养柴鸡吃了不但可促进生长发育，而且还少得病。

(2)野生动物性饲料 放养柴鸡喜食蜂、蚂蚁、蝴蝶、蚂蚱、瓢虫、蜻蜓、黄粉虫等昆虫类饲料以及蝎子、蜈蚣、蚯蚓等爬虫类和小鱼、小虾等水生动物饲料。

50. 放养柴鸡是否有营养标准？

柴鸡类群繁多，且为地方品种，这给饲养标准的制定造成了困难，目前国家尚未颁布柴鸡饲养标准。不过在养鸡生产实践中，各地可参照我国鸡的饲养标准，经过实践验证提出适合当地的参考标准。这样，可以合理地饲养柴鸡，使其正常地生长发育，充分发挥其生长潜力，又不至于浪费饲料，以最少的饲料消耗，获得较多、较好的产品。

目前配制柴鸡日粮及精料补充料，可参照我们研究提出的太行鸡(原河北柴鸡)不同生长阶段营养推荐量(见表 4-1)进行计算。具体应用时，应灵活掌握，根据鸡的类群、日龄、放养环境、原料组成等加以调整，不要机械地照搬。

51. 配制柴鸡日粮应注意什么？

第一，饲料原料要多样化。结合本地的饲料资源，选择一些适口性好、营养价值高、加工低廉的农副产品作为配制饲料的原料。

第二，在配制柴鸡各个阶段需要的日粮时，对饲料中各种营养成分要合理把握，科学配制。

第三，配制的饲料贮藏时间不能过长。应根据用量的多少，配制 1～2 周的饲料，喂完后再配。

第四，饲料配制时应搅拌均匀，可以采用机械搅拌与手工搅拌的方式。

第五，饲料配方要相对稳定。频繁变动饲料配方和原料会造成柴鸡的消化不良，影响生长和产蛋。

52. 日粮常用配制方法有几种?

饲料配方设计方法大体上可分为手算法（试差法、交叉法）和计算机最低成本法两类。其中手算法简单易学，灵活性强，比较适合饲养户应用。计算机最低成本法适合大型饲料厂应用。下面就手算法中的试差法举例说明配方设计的方法和步骤。配制柴鸡开产期日粮，步骤如下：

第一，查阅柴鸡营养推荐量，确定日粮中粗蛋白质含量为 16％，代谢能为 12.08 兆焦/千克。

第二，结合本地饲料原料来源、营养价值、饲料的适口性、毒素含量等情况，初步确定选用饲料原料的种类和大致用量。

第三，实测所选饲料原料的营养价值或从饲料营养价值表中查阅所选原料的营养成分含量，初步计算出粗蛋白质的含量和代谢能，见表 4-3。

表 4-3　柴鸡开产期日粮配合初步计算结果

饲料种类	比例（％）	粗蛋白质（％）	代谢能（兆焦/千克）
玉　米	59	5.074	8.384
麸　皮	5.4	0.778	0.373
豆　粕	16	7.152	1.686
花生粕	7.6	3.230	0.953
鱼　粉	1.4	0.771	0.172
石　粉	8		

续表 4-3

饲料种类	比例(%)	粗蛋白质(%)	代谢能(兆焦/千克)
骨　粉	2		
食　盐	0.25		
复合多维	0.05		
微量元素	0.1		
蛋氨酸	0.1		
赖氨酸	0.1		
合计	100	17.01	11.57

第四,将计算结果与营养推荐量对比,发现粗蛋白质 17.01%,比推茬量 16%高;代谢能 11.57 兆焦/千克,比推荐量 12.08 兆焦/千克略低。调整配方,增加高能量饲料玉米的比例,降低高蛋白质饲料的比例。调整后结果与推荐标准基本相符,见表 4-4。

表 4-4　柴鸡开产期日粮配合的计算结果

饲料种类	比例(%)	粗蛋白质(%)	代谢能(兆焦/千克)
玉　米	65.6	5.645	9.323
麸　皮	1	0.144	0.069
豆　粕	12	5.364	1.265
花生粕	8.8	3.740	1.104
鱼　粉	2	1.102	0.246
石　粉	8		
骨　粉	2		
食　盐	0.25		
复合多维	0.05		
微量元素	0.1		
蛋氨酸	0.1		
赖氨酸	0.1		
合　计	100	16.0	12.01

53. 不同季节柴鸡日粮有何区别?

冬季环境温度较低,柴鸡需要消耗较多的能量来御寒,因此日粮中能量水平冬季应比夏季高。饲料的配合中要增加能量饲料的比例,而且要适当增加补饲量。

冬季柴鸡日粮配方中,根据玉米质量的高低,其比例应适当提高 2~5 个百分点。

54. 怎样配制产蛋料?推荐几个配方

柴鸡产蛋期营养浓度可参考表 4-1 的标准,该营养推荐量与笼养蛋鸡相同阶段的营养标准比较,能量提高了约 5%,蛋白质降低了约 1%。钙水平和必需氨基酸含量有所降低,有效磷含量相对一致。这是根据放养柴鸡的特点制定的。放养柴鸡活动量大,能量消耗多;采食的优质牧草较多,氨基酸比较好;产蛋率较低,从野外获得的矿物质较多。根据我们的实践,该营养浓度推荐量可获得较理想的饲养效果。

产蛋期推荐饲料配方见表 4-5。

表 4-5 柴鸡不同产蛋期饲料配方 (%)

<table>
<tr><th rowspan="2">饲料原料</th><th colspan="3">饲料配比</th><th rowspan="2">营养水平</th><th rowspan="2">开产期</th><th rowspan="2">产蛋高峰期</th><th rowspan="2">其他产蛋期</th></tr>
<tr><th>开产期</th><th>产蛋高峰期</th><th>其他产蛋期</th></tr>
<tr><td>玉 米</td><td>61</td><td>55.7</td><td>57</td><td rowspan="2">代谢能(兆焦/千克)</td><td rowspan="2">12.05</td><td rowspan="2">12.18</td><td rowspan="2">12.2</td></tr>
<tr><td>次 粉</td><td>10</td><td>8</td><td>10.7</td></tr>
<tr><td>大豆粕</td><td>8</td><td>11.5</td><td>8</td><td rowspan="2">粗蛋白质</td><td rowspan="2">16</td><td rowspan="2">17</td><td rowspan="2">16.1</td></tr>
<tr><td>棉籽饼</td><td>2</td><td>0</td><td>2</td></tr>
<tr><td>花生仁饼</td><td>8</td><td>8</td><td>8</td><td rowspan="2">钙</td><td rowspan="2">2.4</td><td rowspan="2">3.2</td><td rowspan="2">3</td></tr>
<tr><td>国产鱼粉</td><td>2.2</td><td>4</td><td>3</td></tr>
</table>

续表 4-5

<table>
<tr><td rowspan="2">饲料原料</td><td colspan="3">饲料配比</td><td rowspan="2">营养水平</td><td rowspan="2">开产期</td><td rowspan="2">产蛋高峰期</td><td rowspan="2">其他产蛋期</td></tr>
<tr><td>开产期</td><td>产蛋高峰期</td><td>其他产蛋期</td></tr>
<tr><td>磷酸氢钙</td><td>1.3</td><td>1.2</td><td>1.2</td><td rowspan="2">有效磷</td><td rowspan="2">0.43</td><td rowspan="2">0.45</td><td rowspan="2">0.43</td></tr>
<tr><td>石　粉</td><td>5.52</td><td>7.7</td><td>7.2</td></tr>
<tr><td>蛋氨酸</td><td>0.1</td><td>0.1</td><td>0.1</td><td rowspan="2">赖氨酸</td><td rowspan="2">0.74</td><td rowspan="2">0.75</td><td rowspan="2">0.71</td></tr>
<tr><td>赖氨酸</td><td>0.11</td><td>0</td><td>0.05</td></tr>
<tr><td>植物油</td><td>1</td><td>3</td><td>2</td><td rowspan="2">蛋氨酸</td><td rowspan="2">0.35</td><td rowspan="2">0.38</td><td rowspan="2">0.36</td></tr>
<tr><td>添加剂</td><td>0.5</td><td>0.5</td><td>0.5</td></tr>
<tr><td>食　盐</td><td>0.3</td><td>0.3</td><td>0.3</td><td>蛋氨酸+胱氨酸</td><td>0.62</td><td>0.65</td><td>0.62</td></tr>
</table>

五、雏鸡的培育

55. 雏鸡生长有何特点?

(1)体温调节功能不完善 初生雏的体温较成年鸡体温低2℃～3℃,4日龄开始慢慢地均衡上升,到10日龄时才达成年鸡体温。到3周龄左右,体温调节功能逐渐趋于完善,7～8周龄后才具有适应外界环境温度变化的能力。

(2)生长迅速,代谢旺盛 雏鸡2周龄的体重约为初生时体重的2倍,6周龄为10倍,8周龄为15倍。前期生长快,以后随日龄增长而逐渐减慢。雏鸡代谢旺盛,心跳快,脉搏每分钟可达250～350次,安静时单位体重耗氧量与排出二氧化碳的量比家禽高1倍以上,所以在饲养上要满足营养需要,管理上要注意不断供给新鲜空气。

(3)羽毛生长快 幼雏的羽毛生长特别快,在3周龄时羽毛为体重的4%,到4周龄便增加到7%,其后大体保持不变。从孵出到20周龄羽毛要蜕换4次,分别在4～5周龄、7～8周龄、12～13周龄和18～20周龄。羽毛中蛋白质含量为80%～82%,为肉、蛋的4～5倍。因此,雏鸡对日粮中蛋白质(特别是含硫氨基酸)水平要求高。

(4)胃的容积小,消化能力弱 幼雏消化系统发育不健全,胃的容积小,采食量有限。同时,消化道内又缺乏某些消化酶,肌胃研磨饲料能力弱,消化能力差,在饲养上要注意饲喂粗纤维含量低、易消化的饲料,否则产生的热量不能维持生理需要。

(5)敏感性强 幼雏对饲料中各种营养物质缺乏或有毒药物的过量,会出现明显的病理状态。

(6)抗病力差 幼雏由于对外界环境的适应性差,对各种疾病的抵抗力也弱,饲养和管理稍不注意,极易患病。

(7)群居性强、胆小 雏鸡喜欢群居,单只离群便奔叫不止。胆小,缺乏自卫能力,遇外界刺激便鸣叫不止。因此,育雏环境要安静,防止各种异常声响和噪声以及新奇的事物入内,舍内还应有防止兽害的措施。

56. 怎样制定育雏计划?

根据育雏舍大小、饲养方式及鸡群的整体周转安排制定育雏计划。原则是最好做到全进全出制,这是防病和提高成活率的关键措施。

第一,根据市场需求以及不同品种的生产性能、适应性等情况,确定饲养的品种。

第二,通过调查,选择非疫区、信誉好、正规的种鸡场进雏。

第三,根据鸡舍面积、资金状况、饲养管理水平、放养场地的面积等确定进雏数量。

第四,根据市场供需、放养时间等确定进雏的时间。

57. 哪些人员适合育雏?

育雏是养鸡全过程中最繁杂、细微、艰苦而又技术性很强的工作。因此,要求育雏人员要吃苦耐劳、责任心强、心细、勤劳,并且必须具有一定的专业技术知识和育雏经验。

育雏期间,必要的时候还需要育雏饲养员封闭在育雏舍区内2~6周不回家。因为幼雏很娇弱,对疫病的抵抗力差,早期很易感病,故成规模的鸡场多采用育雏的封栋或封场饲养,饲养员要待雏鸡转出后才能放假休息。

58. 育雏舍需要的面积如何计算?

育雏舍面积由育雏设备占地面积、走道、饲料和工具贮放及人员休息场所等构成。如用四层重叠式育雏笼饲养雏鸡,笼具占地50%左右,走道等其他占地面积为50%左右。每平方米(含其他辅助用地)可饲养雏鸡(按养到6~8周龄的容量计算)50只。

若是网上平养,每平方米容鸡量为18只左右;地面平养的容量为15只左右。

59. 怎样搞好育雏舍清扫、检修及消毒?

上批雏鸡转走后,马上清除鸡粪、垫料等物。全面清扫和冲洗,之后要把鸡舍、供暖系统、给水系统、料槽、笼具、全面检修。检修之后再次彻底清扫舍内及舍外四周,确保无粪便、无羽毛、无杂物,然后再冲洗。最好用高压水枪从上到下冲洗,冲洗干净后再消毒。

消毒程序如下:天棚、墙壁、地面、笼具,不怕火烧部分用火焰喷烧消毒,然后其他部分和顶棚、墙壁、地面用无强腐蚀性的消毒药物喷洒消毒,最后每立方米用福尔马林42毫升+21克高锰酸钾密闭熏蒸消毒24小时以上。抽样检查效果不合格要重新消毒。

60. 什么是地面育雏? 优、缺点是什么?

地面育雏是根据房舍的不同,用水泥地面、砖地面、土地面、火炕面育雏,地面上铺设垫料,舍内设有料槽和饮水及保暖设备。一般先在地面上铺2~3厘米厚的细沙,上面再铺7~10厘米厚的垫料。垫料可以因地制宜选刨花、稻壳、5~6厘米长的麦秸等。地面育雏的关键在于垫料的管理,垫料尽量选择吸水性良好的原料,如锯木屑、稻草、麦秸等。平时要防止饮水器漏水、洒水而造成垫料潮湿、发霉,定期更换潮湿的垫料。

保暖设备可以根据条件,采用地下烟道、电热保温伞、电热板或电热毯、红外线灯、地下暖管等。

地面育雏优点是:平时不清除粪便,仅对个别地方更换外,不清除垫料,省工省时;春季可以利用垫料发酵产热而提高舍温;雏鸡在垫料上活动量增加,体质健壮。缺点是:雏鸡与粪便直接接触,球虫病发病率较高,其他传染病易流行且饲养密度较小。此种方式占地面积大、管理不方便、雏鸡易患病,所以只适于小规模,暂无条件的鸡场采用。

61. 什么是网上育雏?优、缺点是什么?

网上育雏是把雏鸡饲养在网床上。网床由网架、网底及四周的围网组成。床架可就地取材,用木、铁、竹等均可,底网和围网可用网眼大小一般不超过 1.2 厘米见方的铁丝网、特制的塑料网。网床大小可根据房屋面积及床位安排来决定,一般长 200 厘米、宽 100 厘米、高 100 厘米、底网离地面或炕面 50 厘米。每床可养雏鸡 50~80 只。加温方法可采用煤炉、热气管或地下烟道等方法。

网上育雏优点:便于管理;可节省大量垫料;鸡粪可落入网下,减少了球虫病及其他疾病传播机会。缺点:占用鸡舍的面积较大,能源消耗较多。

62. 什么是立体笼养育雏?优、缺点是什么?

立体笼养指在特制的笼中养育雏鸡。

育雏笼由笼架、笼体、料槽和承粪盘(板)组成。一般笼架长为 2 米,高 1.5 米,宽 0.5 米,离地面 30 厘米,每层为 40 厘米,共分 3 层,每层 4 笼,每架 12 笼,在上、下笼之间留有 10 厘米的空间,以放入承粪盘(或承粪板)。承粪盘(板)可以是固定的,用刮粪板刮粪;也可以是活动的,可每日或隔日定期调换清粪。实际使用以活动的较好。

每个笼子制成长 50 厘米、宽 50 厘米、高 30 厘米的规格,笼四周用铁丝、竹或木条制成栅栏,料槽和饮水器可排列在栅栏外,雏鸡隔着栅栏将头伸出吃食、饮水。笼底可用铁丝制成不超过 1.2 厘米大小的网眼,使鸡粪掉入承粪盘。

采用热风炉或暖气管加热,也可用地下烟道升温加热或舍内煤炉加温,还可采用电热加温方法。上述加热方法中,以地下烟道加热的方法为优,主要可使上、下层鸡笼的温差较小。

目前,塑料育雏笼或机械化生产的定型育雏笼产品市场上有售。例如,上海金山农牧机械厂生产的塑料育雏笼为层叠拼装式,可拆开消毒,另外配备加温系统。育雏时需要注意的是栅栏间隔较大,幼雏易跑出笼外,因此育雏前需用铁丝或其他材料加密,待 2 周龄左右时再拆去。北京市通州区养鸡设备厂生产的育雏笼为组装式。每列笼子长×宽×高为 400 厘米×60 厘米×175 厘米,每组笼子长×宽×高为 100 厘米×60 厘米×175 厘米,每层笼高 32 厘米,底层笼底离地高度为 23 厘米。料槽可调高度为 1 厘米、2 厘米、5 厘米、8 厘米和 14 厘米,笼门采食间距调节范围为 1.8~4 厘米,加热器功率为 250 瓦,控温范围为 10℃~40℃,每平方米笼面可养雏鸡 66 只。在饲养中,要根据鸡体不断生长的情况经常做横向分群,即开始时用尽可能少的笼育雏,以后逐步分群到其他笼中。还要根据鸡龄及时调高料槽高度。另外,笼内各层均有控温仪,需将温度调至各笼相近为止,以减少上、下层笼温差过大而影响育雏效果。

中国农业科学院科技开发公司生产的电热育雏笼由加热、保温和活动笼 3 部分组成。这 3 部分可以组合在一起,也可以分开使用,活动笼数量可随意组装,分层控制温度,由 6 个独立结构的笼体组成 1 个单元。养鸡场也可根据本场具体情况,用角铁、钢管等焊接育雏笼架,底网选用网眼 1.2 厘米大小的塑料网或镀塑钢丝网,从生产厂购买或定做侧网,组装育雏笼。

立体笼养优点在于能经济利用鸡舍的单位面积，节省垫料和能源，提高劳动生产率，还可有效控制球虫病的发生和蔓延。缺点是一次性投资较大。

63. 育雏舍取暖有哪几种方式？优点是什么？

(1)地下烟道育雏 地下烟道用砖或土坯砌成，其结构形式多样，要根据育雏舍的大小来设计。较大的育雏舍，烟道的条数要相对多些，采用长烟道；如育雏舍较小，可采用“田”字形环绕烟道。通过烟道对地面和育雏舍空间加温，以升高育雏温度。

地下烟道育雏优点较多：①育雏舍的实际利用面积大。②没有煤炉加温时的煤烟味，室内空气较为新鲜。③温度散发较为均匀，地面和垫料暖和，由于温度是从地面上升，雏鸡腹部受热，因此雏鸡较为舒适。④垫料干燥，空气湿度小，可避免球虫病及其他病菌繁殖，有利于雏鸡的健康。⑤一旦温度达到标准，维持温度所需要的燃料将少于其他方法，在同样的房屋和育雏条件下，地下烟道的耗煤量比煤炉育雏的耗煤量至少省 1/3。因此，烟道加温的育雏方式对中小型鸡场较为适用。值得注意的是，在设计烟道时，烟道的口径进口处应大，往出烟处逐渐变小，由进口到出口应有一定的上升坡势，烟道出烟处切不可放在北面，要按风向设计。

为了提高热效率和育雏舍的利用率，可采用平顶天花板加笼育雏的方法。在管理上，天花板要留有通风出气孔，根据舍温及有害气体的浓度经常调节，必要时应在出气孔处安装排风扇，以便在温度过高等紧急情况下加强排气，按育雏温度标准调节舍温。

(2)煤炉育雏 煤炉可用铁皮制成或用烤火炉改制而成，炉上设有铁皮制成的伞形罩或平面盖，并留有出气孔，以便接上通风管道，管道接至舍外，以便排出煤气。煤炉下部有一进气孔，并用铁皮制成调节板，以便调节进气量和炉温。

煤炉育雏的优点是：经济实用，耗煤量不大，保温性能稳定。在日常使用中，由于煤炭燃烧需要一段时间，升温较慢，因此要掌握煤炉的性能，要根据舍温及时添加煤炭和调节通风量，确保温度平稳。在安装过程中，炉管由炉子到舍外要逐步向上倾斜，漏烟的地方用稀泥封住，以利于煤气排出。若安装不当，煤气往往会倒流，造成舍内煤气浓度大，甚至导致雏鸡煤气中毒。

在较大的育雏舍内使用煤炉升温育雏时，往往要考虑辅助升温设备，因为单靠煤炉升温，要达到所需的温度，需消耗较多的煤炭，但在低温季很难达到理想的温度。在具体应用中，用煤炉将舍温升高至 15℃以上，再考虑使用电热伞或煤气保温伞以及其他辅助加温设备，这样既节省燃料和能源成本，也能预防煤炉熄灭、温度下降而无法及时补偿的缺陷。

(3)保温伞育雏　保温伞可用铁皮、铝皮、木板或纤维板制成，也可用钢筋和耐火布料制成，热源可用电热丝或电热板，也可用石油液化气燃烧供热。伞内附有乙醚膨胀饼和微动开关或电子继电器与水银导电表组成的控温系统。在使用过程中，可按雏鸡不同日龄对温度需要来调整调节器的旋钮。保温伞的优点是：可以人工控制和调节温度，升温较快而平衡，舍内清洁，管理较为方便，节省劳力，育雏效果好。

用保温伞育雏要有相当的舍温来保证，一般说来，舍温应在 15℃以上。这样保温伞才有工作和休息的间隔，如果保温伞一直保持运转状态，会烧坏保温伞，缩短使用寿命；另外，如遇停电，在没有一定舍温情况下，温度会急剧下降，影响育雏效果。通常情况下，在中小规模的鸡场中，可采用煤炉维持舍温，采用保温伞供给雏鸡所需的温度，舍温较高，保温伞可停止工作；舍温相对降低，保温伞自动开启。这样，在整个育雏过程中，不会因温差过高过低而影响雏鸡健康。同时，也可以获得较为理想的饲料报酬。

(4)电热板或电热毯育雏　原理是利用电热加温，雏鸡直接在电热板或电热毯上取得热量，电热板(配毯)有电子控温系统以调节温度。

(5)红外线灯育雏 指用红外线灯发出的热量育雏。市售的红外线灯为250瓦，红外线灯一般悬挂在离地面35～40厘米的高度，在使用中红外线灯的高度应根据具体情况来调节。雏鸡可自由选择离灯较远处或较近处活动。红外线灯育雏的优点是：温度均匀，舍内清洁。但是，一般也只作辅助加温，不能单独使用。否则，灯泡易损，耗电量也大，热效果不如保温伞好，成本也较大。1盏红外线灯使用24小时耗电6度，费用昂贵，停电时温度下降快。

(6)远红外育雏 采用远红外板散发的热量来育雏。根据育雏舍面积大小和育雏温度的需要，选择不同规格的远红外板，安装自动控温装置保温育雏。使用时，一般悬挂在离地面1米左右的高度。也可直立地面，但四周需用隔网隔开，避免雏鸡直接接触而烫伤。每块1000瓦的远红外板的保暖空间可达10.9米^3，其热效果和用电成本优于红外线灯，并且具有其他电热育雏设备共同的优点。

(7)地下暖管升温育雏 其方法是在鸡舍建筑时，于育雏舍地面下埋入循环管道，管道上铺盖导热材料。管道的循环长度和管道间隔可根据需要设计。其热源可用暖气、地热资源或工业废热水循环散热加温。这种方法的优点是：热量散发均匀，地面和垫料干燥，几乎所有的雏鸡都有舒适的生活环境，可获得比较理想的育雏效果。如果利用工业废水循环加热，则可节省能源和育雏成本，比较适用于工矿企业的鸡场。

64. 育雏常用的工具有哪些？

干湿球温度表、断喙器、喷雾器、注射器、医用剪、紫药水、碘酊和消毒棉球等常用兽医药械。此外，桶盆、铁锹、扫帚、簸箕、手推车等工具要配齐，并专舍专用，不得外借和串舍使用。

65. 怎样选择健壮的柴雏鸡?

选择方法可归纳为“看、听、摸、问”4个字。

看:就是观察雏鸡的精神状态。健雏活泼好动,眼亮有神,羽毛整洁光亮,腹部收缩良好。弱雏通常缩头闭眼,伏卧不动,羽毛蓬乱不洁,腹大松弛,腹部无毛且脐部愈合不好,有血迹、发红、发黑、疔脐、血脐等。

听:就是听雏鸡的叫声。健雏叫声洪亮清脆。弱雏叫声微弱,嘶哑,或鸣叫不休,有气无力。

摸:就是触摸雏鸡的体温、腹部等。随机抽取不同盒里的一些雏鸡,握于掌中,若感到温暖,体态匀称,腹部柔软平坦,挣扎有力的便是健雏;如感到鸡身较凉,瘦小,轻飘,挣扎无力,腹大或脐部愈合不良的是弱雏。

问:询问种蛋来源,孵化情况以及马立克氏病疫苗注射情况等。来源于高产健康适龄种鸡群的种蛋,孵化过程正常,出雏多且整齐的雏鸡一般质量较好。反之,雏鸡质量较差。

初生雏的分级标准见表5-1,以供选择雏鸡参考。

表5-1 初生雏的分级标准

级别	健雏	弱雏	残次雏
精神状态	活泼好动,眼亮有神	眼小细长,呆立嗜睡	不睁眼或单眼、瞎眼
体重	符合本品种要求	过小或符合本品种要求	过小干瘪
腹部	大小适中,平坦柔软	过大或较小,肛门污	过大或软或硬、青色
脐部	收缩良好	收缩不良,肚脐潮湿等	蛋黄吸收不完全、血脐、疔脐
绒毛	长短适中,毛色光亮,符合品种标准	长或短、脆、色深或浅、沾污	火烧毛、卷毛无毛

续表 5-1

级 别	健 雏	弱 雏	残次雏
下 肢	两肢健壮、行动稳健	站立不稳、喜卧、行走蹒跚	弯趾跛腿、站不起来
畸 形	无	无	有
脱 水	无	有	严重
活 力	挣脱有力	软绵无力似棉花状	无

66. 运输雏鸡应注意什么？

(1)选择好运雏人员 运雏人员必须具备一定的专业知识和运雏经验，还要有较强的责任心，最好是饲养者亲自押运雏鸡。

(2)准备好运雏工具 运雏用的工具包括交通工具，装雏箱及防雨保温用品等。交通工具(车、船、飞机等)视路途远近、天气情况和雏鸡数量灵活选择，但不论采用何种交通工具，运输过程都要求做到稳而快。装雏用具要使用专用雏鸡箱，现多采用的箱长50～60 厘米、宽 40～50 厘米、高 18 厘米，箱子四周有直径 2 厘米左右的通气孔若干。箱内分 4 个小格，每个小格放 25 只雏鸡，每箱放雏 100 只。冬季和早春运雏要带棉被、毛毯用品。夏季要带遮阳防雨用品。所有运雏用具和物品都要经过严格消毒之后方可使用。

(3)适宜的运雏时间 初生雏鸡体内还有少量未被利用的蛋黄，可以作为初生阶段的营养来源，所以雏鸡在 48 小时内可以不饲喂。这是一段适宜运雏的时间。此外，还应根据季节和天气确定启运时间。夏季运雏宜在日出前或傍晚凉快时间进行，冬天和早春则宜在中午前后气温相对较高的时间起运。

(4)保温与通气的调剂 运输雏鸡时保温与通气是一对矛盾。只注重保温，不注重通风换气，会使雏鸡受闷缺氧，严重的还会导致窒息死亡;只注重通气,忽视了保温,雏鸡会受风着凉患感冒,诱发雏鸡腹泻下痢,影响成活率。因此,要注意:①装车时要将雏鸡箱错开摆放。箱周围要留有通风空隙,重叠高度不要过高。气温低时要加盖保温用品,但注意不要盖得太严。②装车后要立即起运,运输过程中应尽量避免长时间停车。运输人员要经常检查雏鸡的情况,通常每隔1~2小时观察1次。③如见雏鸡张嘴抬头,绒毛潮湿,说明温度太高,要掀盖通风,降低温度。如见雏鸡挤在一起,吱吱鸣叫,说明温度偏低,要加盖保温。④当因温度低或是车子震动而使雏鸡出现扎堆挤压的时候,还需要将上、下层雏鸡箱互相调换位置,以防中间、下层雏鸡受闷而死。

(5)进舍后雏鸡的合理放置 先将雏鸡数盒一摞放在地上,最下层要垫一个空盒或是其他东西,静置30分钟左右,让雏鸡从运输的应激状态中缓解过来,同时适应一下鸡舍的温度环境。然后再分群装笼。

67. 什么叫雏鸡的初饮?怎样安排?

雏鸡第一次饮水为初饮。

(1)初饮的时间 初饮一般越早越好,近距离运输一般在毛干后3小时即可接到育雏舍给予饮水,远距离也应尽量在48小时内饮上水。因雏鸡出壳后体内的水分大量消耗,据研究报道,出雏24小时后体内的水分消耗8%,48小时后消耗15%。所以,雏鸡进入鸡舍后应及时先给饮水再开食。这样有利于促进肠道蠕动,吸收残留卵黄排除粪便,增进食欲和饲料的消化吸收。初饮后无论如何都不能断水,在第一周内应给雏鸡饮用降至舍温的开水,1周后可直接饮用自来水。

(2)饮水的调教 让雏鸡尽快学会喝水是必须的。调教的方法是:轻握雏鸡,手心对着鸡背部,拇指和中指轻轻扣住颈部,食指轻按头部,将其喙部按入水盘,注意别让水没及鼻孔,然后迅速让鸡头抬起，雏鸡就会吞咽进入嘴内的水。如此做三四次，雏鸡就知道自己喝水了。一个笼内有几只雏鸡喝水后，其余的就会跟着迅速学会喝水。引导早饮水的方法最好是结合雏鸡进舍放入笼中时，把雏鸡的嘴放在水中蘸一下，雏鸡就能很快学会饮水。

(3)饮水的温度 供雏鸡饮用的水应是28℃～32℃的温开水。切莫用低温凉水。因为低温水会诱发雏鸡腹泻。

(4)饮水器的摆放 100只雏鸡应有2～3个饮水器。饮水器要放在光线明亮之处，要和料盘交错安放。饮水器每天要刷洗2～3次，消毒1次。水槽每天要擦洗1次，每周至少要消毒2次。

(5)初饮注意事项 ①仅仅提供充足的饮水还不够，必须要让每只雏鸡迅速饮到水，所以在初饮后要仔细观察鸡群，若发现有些鸡没有靠上饮水器，就要增加饮水器的数量，并适当增大光照强度。②初饮时的饮水，需要添加糖分、抗菌药物、多种维生素。可在水中加5%的葡萄糖，加糖能起到速效性地补充能源作用，以利于体力恢复，消除应激反应，并使开饲顺利进行。同时投给吸收利用良好的水溶性维生素，这能增强其抗病力。饮水加糖、抗菌药物能提高雏鸡成活率和促进生长，但要注意以不影响饮水的适口性为好。

68. 什么叫雏鸡的开食？应注意什么？

第一次给初生雏鸡投喂料即雏鸡的第一次吃食称为“开食”。

(1)开食的时间 在雏鸡初饮之后2小时左右即可第一次投料饲喂。“开食”不宜过早，因为此时雏鸡体内还有部分卵黄尚未被吸收，饲喂太早不利于卵黄的完全吸收。有人试验，雏鸡毛干后24小时开食的死亡率最低，但开食也不能太晚，超过48小时开食，则明显消耗雏鸡体力，影响雏鸡的增重。

(2)开食的饲料形态 开食用的饲料要新鲜，颗粒大小适中，最好用破碎的颗粒料，易于啄食且营养丰富易消化。如果用全价粉料最好是湿拌料。为防止饲料粘嘴和因蛋白质过高使尿酸盐存积而造成糊肛,可在饲料的上面撒一层碎粒或小米(用温开水浸泡过更好)。

(3)开食的方法 ①用浅平料盘,塑料布或纸放在光线明亮的地方,将料反复抛撒几次,雏鸡见到抛撒过来的饲料便会好奇地去啄食。只要有很少的几只初生雏鸡啄食饲料,其余的雏鸡很快就跟着采食了。②头 3 天喂料次数要多些,一般为 6～8 次,以后逐渐减少,第六周时喂 4 次即可。③料槽分布应均匀,与水槽间隔放开,平面育雏开头几天放到离热源近些,这样便于雏鸡取暖采食和饮水。④料、水盘数量根据鸡数而定。笼养除笼内放料盘和料外,1 周后笼外的料槽中也要定时加料,便于雏鸡及早到笼外料槽中正规采食,每 2 个小时匀 1 次料,以防止料不均。

(4)喂料次数 育雏的头 3 天采用每天 24 小时或 23 小时光照时,此时每天喂料次数不应低于 6 次。当光照时数减少至每天 12～10 小时时,喂料次数可降至 4 次。

(5)喂料量 每次喂料量是将计划每天喂料量除以喂料次数确定。在每次喂料间隔中要匀料,并根据采食情况调整给料量,尽量做到每次喂料时盘内或槽内饲料基本上采食干净。这样可以减少饲料的浪费。

(6)注意事项 用湿拌料喂雏鸡时,每天最后 1 次喂料要用干粉料,特别是夏季,以免残存料过夜而引起饲料发酸变质,引起雏鸡腹泻;用料盘喂料时,在下班最后 1 次喂料前要把料盘里剩余的饲料(往往带有较多的粪便)清除干净。

69. 育雏舍的温度怎样控制?

适宜的温度是保证雏鸡成活的首要条件,必须认真做好。温度包括雏鸡舍的温度和育雏器内的温度。

刚出壳的鸡,体温调节功能还不健全,体温比成鸡低 3℃,到 4

日龄时才开始升高，10 日龄时才达到成鸡的体温。雏鸡的绒毛短，御寒能力差，采食量少，所产生的热量也少，不能维持生活的需要，所以育雏期间，必须通过供温来达到雏鸡所需的适宜温度。

（1）供温的原则 初期要高，后期要低；小群要高，大群要低；弱雏要高，强雏要低；夜间要高，白天要低，以上高低温度之差为2℃。同时，雏鸡舍的温度比育雏器内的温度低5℃～8℃，育雏器内的温度是靠近热源处的温度高，远离热源的温度低，这样有利于雏鸡选择适宜的地方，也有利于空气的流动。育雏期的适宜温度及高、低极限值见表 5-2。

表 5-2 育雏期的适宜温度及高、低极限值 （℃）

周龄		0	1	2	3	4	5	6
适宜温度		35～33	33～30	30～29	28～27	26～24	23～21	20～18
极限	高温	38.5	37	34.5	33	31	30	29.5
	低温	27.5	21	17	14.5	12	10	8.5

（2）通过观察鸡群调节温度 如果温度适宜则小鸡活泼，食欲良好，饮水适度，羽毛光滑整齐，睡眠安静，睡姿伸头缩腿，均匀地分布在热源的周围；若温度过高则小鸡远离热源，嘴和翅膀张开，张嘴喘息，呼吸加快，频频喝水；若温度过低则小鸡靠拢在热源的附近，或挤成一团，羽毛竖起，行动迟缓，缩颈拱背，闭眼尖叫，睡眠不安；有贼风时，在避开贼风处挤成一团。

（3）育雏的供温方法 有伞育法、温室法（锅炉暖气供温）、火炕法、红外线和远红外线法等。不同地区可以根据实际条件选择适当的方法。育雏器的温度计应挂在育雏器的边缘，舍温温度计挂在远离育雏器的墙上，距地面 1 米处。

70. 育雏舍的湿度怎样控制？

育雏舍的相对湿度应保持在 60%～70%为宜。湿度的要求虽然不像温度那么严格,但在特殊条件下也可能对雏鸡造成很大危害。如果出雏的时间太长,雏鸡不能及时喝上水,加之育雏舍内的湿度又不够,这种情况下雏鸡很容易脱水死亡。脱水症状为绒毛脱落,频频饮水,消化不良。但最好不要超过75%,否则会出现高温高湿情况,超过75%时,夏季会高温高湿,冬季低温高湿,都会造成雏鸡死亡增加。一般育雏前期湿度高一些,后期要低,达到50%～60%即可。

71. 育雏舍的通风怎样控制?

由于雏鸡的新陈代谢旺盛,所以呼出的二氧化碳量大,而且鸡的粪便中有20%～25%不能利用的物质,这些物质在一定条件下就开始分解,产生大量的有害气体,其中包括氨气、硫化氢和二氧化碳等,从而使得舍内的空气质量下降,影响雏鸡的正常发育。用煤炉供暖时还应注意一氧化碳中毒,粉尘过高携带病菌时,易传播疾病并损害皮肤、眼结膜、呼吸道黏膜,危害雏鸡的健康和生长。要做到舍内空气新鲜,就必须注意通风换气。

(1)舍内环境要求 按畜禽卫生要求,育雏舍的二氧化碳含量要在0.2%以下,超过0.5%就会危害雏鸡;氨的含量要在20毫克/米^{3}以下,否则氨会刺激鸡的眼结膜和呼吸道,使雏鸡易患病。一氧化碳浓度不得高于24毫克/米^3,硫化氢等其他有害气体浓度控制在20～60毫克/米^{3}以下。实践中多以人在正常时的感觉为标准,如果人能闻到臭鸡蛋味(硫化氢)时或感觉鼻和眼有不适,刺眼或眼睛流泪(氨气)时,则说明舍内的有害气体的浓度已超标,应立即打开风机。

(2)环境控制 首先必须保持合理的饲养密度,舍内的湿度适中,舍内的垫纸或垫草要保持清洁,若是封闭或半封闭饲养,舍内必须安装通风设备。

(3)通风换气的原则和方法 通风换气的总原则是,按不同季节要求的风速调节;按不同品系要求的通风量组织通风;舍内没有死角。通风有自然通风和机械通风。自然通风是指通过门和窗自然交换空气。机械通风是通过设备使空气产生流动,从而达到空气交换的目的。饲养人员根据舍内温湿度、空气质量状况调节通风窗大小或开启风扇,清粪时可延长风机工作时间。生产中应灵活应用,通风量参考表5-3。

表 5-3 密闭鸡舍不同日龄鸡的换气量 (1 000 只/小时)

日龄	体重(克)	换气量(米^3)	
		最大	最小
0～20	230	1800	456
21～30	305	2400	600
31～50	600	4680	1200
51～70	810	6300	1620

72. 育雏舍的光照怎样控制?

科学正确的实行光照,能促进雏鸡的骨骼发育,适时达到性成熟。对于初生雏,光照主要是影响其对食物的摄取和休息。初生雏的视力弱,光照强度要大一些,20～30勒的光照强度。幼雏的消化道容积较小,食物在其中停留的时间短(3个小时左右),需要多次采食才能满足其营养需要,所以要有较长的光照时间,来保证幼雏足够的采食量。通常0～2日龄每天要维持24小时的光照时数,3日龄以后,逐日减少光照时数。

育雏光照原则:光照时间只能渐减少,不能增加,以免性成熟过早,影响以后生产性能的发挥;人工补充光照不能时长时短,以免造成刺激紊乱,失去光照的作用;黑暗时间避免漏光。

73. 育雏舍的密度怎样控制?

每平方米容纳的鸡数为饲养密度。密度小,不利于保温,而且也不经济。密度过大,鸡群拥挤,容易引起啄癖,采食不均匀,造成鸡群发育不齐,均匀度差等问题的发生(表 5-4)。

表 5-4 不同饲养方式饲养密度 (单位:只/米^2)

周 龄	笼 养	地面饲养
1～2	60～75	25～30
3～4	40～50	25～30
5～6	27～38	12～20

74. 柴雏鸡是否断喙?与笼养鸡有无区别?

断喙是防止各种啄癖的发生和减少饲料浪费的有效措施之一。在育雏过程中,由于光线过强、密度较大、饲料营养不全或通风不良等都可以造成啄癖。癖包括啄羽、啄肛、啄翅、啄趾等,轻者致伤残,重者可死亡。鸡采食时总是喜欢用喙啄食饲料,将不喜欢吃的东西剔除一旁,啄食喜爱的食物。在采食粉状饲料时更是这样,导致一部分饲料被弄撒到地上,造成饲料的浪费。

放养柴鸡的断喙,首先应该是防止育雏期间啄癖的发生,减少饲料浪费的同时,保证到柴鸡放养时,喙能完全恢复,鸡能正常啄食,以及销售时不影响其售价。因此,断喙的方法与笼养鸡不同。

(1)断喙的时间 放养柴鸡的雏鸡断喙一般在 9～12 日龄进行。此时对鸡的应激小,可节省人力,还可以预防早期啄癖的发生。

(2)断喙的方法 用 150～200 瓦电烙铁。右手握住电烙铁,左手拿鸡,左手的拇指放在鸡头顶上,食指放在咽下,略施压力,使鸡缩舌,通过高温将上喙距喙尖 2 毫米处烙断或使喙尖颜色发黑或焦黄。

(3)断喙时的注意事项 ①断喙时鸡群应健康无病。②断喙前1～2天及断喙后1～2天应在饲料中添加2～4毫克/千克维生素K,有利于切口血液凝固,防止术后出血。饲料中添加150毫克/千克维生素C,可以起到良好的抗应激作用。③组织好人力,保证断喙工作能在最短时间内完成。断喙的速度以每分钟15只左右为宜。④断喙后3天内料槽与水槽要加得满些,以利于雏鸡采食,并避免采食时术口碰撞槽底而致切口流血。⑤雏鸡免疫接种前后2天或鸡群健康状况不良时暂不断喙。

75. 育雏的日常管理应注意什么?

(1)环境控制 保持合适的温度、湿度,一天之内要查看5～8次温湿度计并记录。保持良好通风,舍内空气新鲜。合理光照,防止忽长忽短,忽亮忽暗。适时调整和疏散鸡群,防止密度过大。

(2)供水 每天供给充足清洁的饮水。

(3)给料 每天给料的时间固定,使鸡群形成自我的条件反射,从而增加采食量。给料的原则是少喂勤添。在换料时,要注意逐渐进行,不要突然全换,以免产生不适。

(4)清粪 笼育和网上育雏时,每2～3天清1次粪,以保持育雏舍清洁卫生。厚垫料育雏时,及时清除沾污粪便的垫料,更换新垫料。

(5)卫生消毒 搞好环境卫生及环境和用具的消毒,定期用百毒杀、威岛等带鸡消毒。

(6)调教 喂鸡时给固定信号,如吹哨、敲盆等(声音一定要轻,以防炸群),久而久之鸡就建立起条件反射,每当鸡听到信号就会过来,为以后放养做准备。

(7)整群 随时调出和淘汰有严重缺陷的鸡,注意护理弱雏,提高育雏质量。

(8)观察鸡群 每隔 1～2 小时观察 1 次鸡群，若鸡群挤在一堆则可轻轻拍打育雏器，使雏鸡分散，以免压死雏鸡。通过喂料的机会观察雏鸡对给料的反应、采食的速度、争抢程度，采食量等，以了解雏鸡的健康状况；每天观察粪便的形状和颜色，以判断饲料的质量和发病的情况；留心观察雏鸡的羽毛状况、眼神、对声音的反应等，通过多方面情况来确定采取何种措施。

(9)疾病预防 严格执行免疫接种程序，预防传染病的发生。每天早上要通过观察粪便了解雏鸡健康状况，主要看粪便的稀稠、形状及颜色等。2～7 日龄，为防止肠道细菌性感染要投药预防。20 日龄后，要预防球虫病的发生，尤其是地面散养的鸡群，投喂抗球虫药物。

(10)记录 认真做好各项记录。每天检查记录的项目有：健康状况、光照、雏鸡分布情况、粪便情况、温度、湿度、死亡、通风、饲料变化、采食量、饮水情况及投药等。

76. 怎样提高育雏成活率和发育整齐度？

第一，确保合适的育雏温度和湿度。

第二，搞好通风换气，舍内空气清新。

第三，保证合适的饲养密度。合理的饲养密度，是保证鸡群健康，生长发育良好的重要条件，因为密度与育雏舍内的空气、湿度、卫生以及恶癖的发生都有直接关系。雏鸡饲养密度大时，育雏舍内空气污浊，氨味大；湿度高，卫生环境差，采食拥挤；抢水抢料，饥饱不均，残次雏鸡增多，恶癖严重，容易发病。

第四，合理的光照，避免不同位置光线过强或太暗。

第五，供给营养全面的饲料。

第六，搞好免疫接种，及时治疗病鸡。

第七，弱小病鸡单独饲养，育雏笼上、下层鸡要及时调换。

六、柴鸡的生态放养技术

77. 生态放养条件下柴鸡的活动规律如何?

放养与笼养差异很大。环境改变了,柴鸡的活动规律和活动方式将发生一定变化。为了摸清放养条件下鸡的活动规律,我们选择条件相近(山场坡度、草场植被、地理类型等)的中等山场5个,分别饲养产蛋期的柴鸡,其密度分别是每667平方米(即1/15公顷)20只、30只、40只、50只、80只。采取试验观察和生产调查相结合,观察在不同饲养密度条件下的活动规律。

以鸡舍为圆心,分别以50米、100米、150米为半径画圆(设置明显标志),观察不同鸡群在不同区域内活动的数量及所占比例;在不同方向或坡度的活动规律;不同时间段的活动规律。活动半径采取直接观察法和粪便及活动痕迹(如爪印、扒痕、采食植物等)追踪法。

通过3个月的观察和记录,得出如下规律(表6-1)。

(1)一般活动半径 指80%以上鸡的活动半径。研究观察发现,不同饲养密度条件下,鸡的活动半径不同。随着饲养密度的增加,鸡的活动半径逐渐增加,但80%以上的鸡活动半径在100米以内。

(2)最大活动半径 指群体中少数生命力较强的鸡超出一般活动范围,达到离鸡舍最远的活动距离。随着饲养密度的增加,最大活动半径增加。低密度条件下,最大活动半径在500米以内。但高密度饲养,最大半径可达到1 000米。

表 6-1 山场放养柴鸡鸡群活动规律统计表 （米，只/667 米^2，%）

密度 \ 活动半径	50	100	150	最大半径(米)
20	75.25	92.00	99.00	300～450
30	73.50	90.50	98.00	400～500
40	70.25	85.00	97.25	500～700
50	68.50	82.00	95.25	700～800
80	65.50	79.25	92.00	800～1000

(3)活动半径的个体差异、群体差异和品种差异 活动半径有明显的个体差异。有5%左右的个体远远超出一般活动半径的范围，最大活动半径是它们创造的。而这样的鸡体质健壮、抗病力强，活动范围广，产蛋性能高，而这种特性应该属于遗传因素造成的。观察发现，活动半径还有群体差异。其一般规律有二：一是如果群体活动半径较大的个体数量较多，对同群其他鸡有一定的影响和带动作用；在一个多群体的山场上，离饲养员活动场地最近的群体的活动半径最小，离饲养人员较远的群体活动半径增加。这与饲养人员的频繁活动使鸡产生等靠要的依赖性有关。生产调查发现，活动半径具有品种差异。柴鸡的活动半径大于现代配套系鸡，其一般活动半径相差10%左右，最大活动半径相差30%左右。柴鸡较大的活动半径是长期自然选择和人工选择的结果。

(4)活动半径的其他相关因素 通过定点观察和生产调查发现，柴鸡的一般活动半径和最大活动半径与草场植被和地势有关。较好较多的植被山场，柴鸡的活动半径较小，而退化山场，可食牧草较少，植被覆盖率较低，鸡的活动半径增大；在平坦的地块，柴鸡的活动半径最大；而高低不平的地块，无论下行还是往上爬行，鸡的活动半径均缩小；活动半径还与鸡舍门口位置、朝向、补料和管理有关。一般往鸡舍门口方向前行的半径大，背离门口方向的半径小；大量补充饲料会使柴鸡产生依赖性，其活动半径缩小；经过调教后，一般活动半径增大，对最大活动半径没有明显影响。

(5)散养鸡一天中的活动规律 早出晚归是散养条件下鸡的一般生活习性。柴鸡的外出和归牧与太阳活动有密切关系。一般在日出前0.5～1小时离开鸡舍，日落后0.5～1小时归舍。一般季节，其采食的主动性以日落前后的食欲最强，早晨次之，中午多有休息的习惯。但冬季的中午活动比较活跃。

(6)散养鸡产蛋的时间分布 80%左右集中在中午以前，以9～11时为产蛋高峰期。但其产蛋时间持续到全天，不如笼养鸡集中。这可能与放养条件下其营养获取不足有关。

78. 放养前应做哪些准备工作？

雏鸡从育雏舍突然转移到放牧地，环境发生了很大变化。雏鸡能否适应这种变化，在很大程度上取决于放养前的适应性锻炼，包括饲料和胃肠的锻炼、温度的锻炼、活动量的锻炼、管理和防疫等。为了使雏鸡尽快适应放牧环境，应做好如下前期准备工作：

(1)饲料和胃肠的锻炼 育雏期根据舍外气温和青草生长情况而定，一般为4～8周。为了适应放养期大量采食青饲料的饲料类型特点，以及采食一定的虫体饲料，应在育雏期进行饲料和胃肠的适应性锻炼。即在放牧前1～3周，有意识地在育雏料中添加一定的青草和青菜，有条件的鸡场还可加入一定的动物性饲料，特别是虫体饲料(如蝇蛆、蚯蚓、黄粉虫等)，使之胃肠得到应有的锻炼。对于青绿饲料的添加量，要由少到多逐渐添加，防止一次性增加过多而造成消化不良性腹泻。在放牧前，青饲料的添加量应占到雏鸡饲喂量的50%以上。

(2)温度的锻炼 放牧对于雏鸡而言，环境发生了很大的变化。特别是由舍内转移到舍外，由温度相对稳定的育雏舍转移到气温多变的野外。放养最初 2 周是否适应放养环境的温度条件，在很大程度上取决于放牧前温度的适应性锻炼。在育雏后期，应逐渐降低育雏舍的温度，使其逐渐适应舍外气候条件，适当进行较低温度和小范围变温的锻炼。这样对于提高放养初期的成活率作用很大。

(3)活动量的锻炼 育雏期小鸡的活动量很小，仅仅在育雏舍内有限的地面上活动。而放入田间后，活动范围突然扩大，活动量成数倍增加，很容易造成短期内的不适应而出现因活动量过大造成的疲劳和诱发疾病。因此，在育雏后期，应逐渐扩大雏鸡的运动量和活动范围，增强其体质，以适应放养环境。

(4)管理 在育雏后期，饲养管理为了适应野外生活的条件，逐渐由精细管理过渡到粗放管理。所谓粗放管理，并不是不管，或越粗越好，而是在饲喂次数、饮水方式、管理形式等方面接近放养下的管理模式。特别是注意调教，形成条件反射。

(5)抗应激 放牧前和放牧的最初几天，由于转群、脱温、环境变化等影响，出现一定的应激，免疫力下降。为避免放养后出现应激性疾病，可在补饲饲料或饮水中加入适量维生素 C 或复合维生素，以预防应激。

(6)防疫 应根据鸡的防疫程序，特别是免疫程序，有条不紊地搞好防疫，为放养期提供良好的健康保证。有关具体的防疫参看疾病防治部分。

79. 什么季节放养合适?

放养季节取决于环境气候和植被状况。北方和南方有较大的不同。基本原则：气候稳定，气温适中，雨量较小，有可食资源。

对于华北地区来说，早春寒冷，3 月份之前气温不稳定。根据多年的经验，如果是早春雏鸡，以 4 月中旬以后开始放牧为宜。此时气温趋于稳定，已经有牧草生长。而对于华北以北地区，往后推迟15天到30天。而华北以南地区,可提前1个月左右。

80. 放养柴鸡为什么要调教? 如何调教?

调教是生态放养鸡饲养管理工作不可缺少的技术环节。因为规模化养殖,野外大面积放养,必须有统一的管理程序,如饲料、饮水、宿窝等,应使群体在规定的时间内集体行动。特别是遇到不良天气和野生动物侵袭时,如刮风、下雨、冰雹、老鹰或黄鼠狼侵害等,应在统一的指挥下规避。同时,也可避免相邻鸡场间的混群现象。

调教是指在特定环境下给予特殊信号或指令,使之逐渐形成条件反射或产生习惯性行为。尽管鸡具有顽固性,但其也具有可塑性。因此,对其实行调教应从小进行。鸡调教包括喂食饮水的调节、远牧的调教、归巢的调教、上栖架的调教和紧急避险的调教等。

(1) 喂食和饮水的调教 放养柴鸡每天的补料量是有限的,因此保证每只鸡都获得应获数量的饲料,应在补充饲料的同一个时间段共同采食。在野外饮水条件有限时,为了保证饮水的卫生,尽量减少开放式饮水器暴露在外的时间,需要定时饮水,也需要统一同时进行。

喂食和饮水的调教应在育雏时开始,在放养时强化,并形成条件反射。一般以一种特殊的声音作为信号,这种声音应该柔和而响亮,不可使用爆破声和模仿野兽的叫声,持续时间可长可短。生产中多用吹口哨和敲击金属物品。

以喂食为例,调教前应使其有一定的饥饿时间,然后,一边给予信号(如吹口哨),一边喂料,喂料的动作尽量使鸡看得到,以便其有听觉和视觉双重感应,加速条件反射的形成。每天反复如此动作,一般3天以后即可建立条件反射。

(2)远牧的调教 很多鸡的活动范围很窄,远处尽管有丰富的饲草资源，它宁可饥饿，也不远行一步。为使牧草得到有效利用，应对这样的鸡进行调教。一般由两人操作，一人在前面引导，即一边慢步前行，一边按照一定的节奏给予一定的语言口令（如不停的叫：走—— ），一边撒扬少量的食物（作为诱饵），而后面一人手拿一定的驱赶工具，一边发出驱赶的语言口令，一边缓慢舞动驱赶工具前行，直至到达牧草丰富的草地。这样连续几日后，这群鸡即可逐渐习惯往远处采食。

(3)归巢的调教 鸡具有晨出暮归性。每天日出前便离巢采食，出走越早、越远的鸡，采食越多，生长越快，抗病力越强。而日落前多数鸡从远处向鸡舍集中。但是个别鸡不能按时归巢，有的是由于外出过远，有的是由于迷失了方向，也有的个别鸡在外面找到了适于自己夜宿的场所。当然，也可能少数鸡被别人捕捉。如果这样的鸡不及时返回，以后不归的鸡可能越来越多，遭遇不测而造成损失。因此，应于傍晚前，在放牧地的远处查看，是否有仍在采食的鸡，并用信号引导其往鸡舍方向返回。如果发现个别鸡在舍外的远处夜宿，应将其抓回鸡舍圈起来，将其营造的窝破坏。次日早晨晚些时间将其放出采食。当日傍晚，再检查其是否在外宿窝。如此几次后，便可按时归巢。

(4)上栖架的调教 鸡具有栖居性，善于高处过夜。但在野外放养条件下，有时由于鸡舍面积小，比较拥挤，有些鸡抢不到有利位置而不在栖架上过夜。野外鸡舍地面比较潮湿，加之粪便的堆积，长期卧地容易诱发疾病。因此，在开始转群时，每天晚上打开手电筒，查看是否有卧地的鸡，应及时将其捉到栖架上。经过几次调教之后，形成固定的位次关系，就会按时按次序上栖架。

81. 为什么要分群？应注意什么？

规模化放养柴鸡，每批的数量很大。如何管理才能提高成活率、提高生长速度和饲料转化率，既充分利用自然资源，又最大限度地提高劳动转化率，是值得重视的问题。分群管理是最重要的一个环节。

分群是根据放牧条件和鸡的具体情况，将不同品种、不同性别、不同年龄和不同体重的小鸡分开饲养，以便于因鸡制宜，有针对性地管理。

(1)分群的基本原则 分群首先要考虑群体的大小。确定群体大小的依据是品种、月龄、性别和放牧地可食植被状况。一般而言，本地土鸡，活泼爱动，体质健康，适应性强，活动面积大，群体可适当大些。青年鸡阶段采食量小，饲养密度和群体适当大些。而成年鸡的采食量较大，在有限的活动场地放养的数量适当小些。植被状况良好，群体适当大些。植被较差，饲养密度和群体都不应过大，否则容易产生过牧现象。公、母鸡混养，公鸡的活动量大，生长速度快，可提前作为肉鸡出栏，群体可适当大些。若饲养鉴别母雏，一直饲养到整个生产周期结束，群体不宜过大。

(2)分群的具体操作 放养鸡的分群应与育雏鸡分群相一致，即育雏舍内每个小区内的雏鸡最好分在一个鸡舍内。分群是从育雏舍到田间的转群时进行，最好在夜间进行。根据田间每个简易鸡舍容纳鸡的数量，一次性放进足量青年鸡。如果田间简易鸡舍的面积较大，安排的鸡数量较多，应将鸡舍分割成若干单元，每个单元容纳鸡数最好小于500只。

(3)分群注意的问题

①切忌混养 不同日龄、不同体重和不同生理阶段的鸡，其营养需要、饲料类型、管理方式和疾病发生的种类和特点都不一样。如果将它们混养在一起，无法有针对性地饲养和管理。例如：产蛋鸡和大雏鸡混养，饲料无法配制和提供。如果按照产蛋鸡补料，其含钙、磷过高，大雏鸡采食过多会造成疾病。反之，按照大雏鸡的营养需要补料，产蛋鸡明显钙磷不足而严重影响产蛋率和鸡蛋品质。特别是疾病预防，难以按照防疫程序执行，相互传染，导致疾

病不断而无法控制。

②切忌群体过大　群体大小划分的依据是：植被状况、鸡的日龄和活动范围、鸡舍之间的距离和鸡舍的大小。根据笔者的研究发现，一般平原地区的草场、农田和果园等，以鸡舍为圆心，70%以上的鸡在半径50米以内活动，90%以上在半径100米以内活动。因此，群体大小应以50～100米为半径的圆面积为一个活动单元，根据牧草的载鸡量，确定单位面积所承载的鸡数量。据我们研究，一般草地每公顷容纳鸡的数量300～450只，好的草场可达到600～750只，最高不宜超过1200只。以这样计算，1个饲养单元的面积应控制在0.7～3.1公顷，这样，一般群体应控制在300～500只。

生产中发现有些鸡场的群体过大，效果不良。第一，群体大，在较小的放牧面积内饲养过多的鸡，容易造成草地的过牧现象而使草地退化；第二，由于过牧，草生长受到严重影响，鸡在野外获得的营养较少，主要依靠人工饲喂。因此，更多的鸡在鸡舍附近活动，形成了采食依赖性，不仅增加了饲养成本，而且鸡的生长发育和产品品质都受到影响；第三，在较小的范围内有较多的鸡活动，即密度过大，疾病的发生率较高；第四，密度大，营养供应不足或营养单调，容易发生恶癖，如啄肛、啄羽和打斗等。

82. 放养鸡对周边环境有什么要求？

所谓周边环境，主要指放养场地与周边其他环境的关系。例如，放养场地周边的建筑物、居民点、交通、厂矿、饲养场等。

放养的周边环境如何，对于养鸡成败关系重大。因为鸡是对环境非常敏感的动物，同时又是群体规模化养殖，一旦出现问题，损失将是很大的。

由于鸡胆小怕惊，放养地周围环境应保持幽静，远离噪声源（如石子加工厂、交通要道旁、飞机场等）。

由于鸡属于规模放养，防疫压力巨大。放养场地要远离污染源(如屠宰场、化工厂、牲口交易市场和大型养殖场)。由于近年来禽流感的流行和蔓延，为了防止候鸟对该病毒的传播，放养场地要尽量避开候鸟的迁徙带。

尽管属于生态放养，但鸡的排泄物对环境还是有一定的影响，应该尽量避免与人类活动场所的近距离接触。因此，要与居民点有 2 000 米以上的距离。但为了运输和工作的方便，交通应相对便利。

83. 为何要围栏筑网和划区轮牧?

生态放养鸡，是在野外进行。通常在放养场地围栏筑网。有人要问：这么大的场地，让鸡随便跑吧，何必围栏筑网？不仅花钱，而且费力，还限制鸡的活动。

生产中采取围栏筑网的目的是：

第一，雏鸡在刚刚放牧的时候，通过围网，限制其活动范围，防止丢失，以后逐渐放宽活动范围，直至自由活动。

第二，当一个群体数量很大的时候，鸡有一定的群集性。由于鸡的活动半径较小(一般 100 米以内)，众多的鸡生活在较小的范围内，容易形成在鸡经常活动的区域出现过牧现象，形成“近处光秃秃，远处绿油油”。通过围栏筑网，将较大的鸡群隔离成若干小的鸡群均匀分布，防止出现以上现象。

第三，果园或农田，病虫害是难免发生的。如果在这样的场地养鸡，在喷施农药的时候，尽管目前推广的均为高效低毒农药，但为了保证安全，需要在喷农药期间停止放牧 1 周以上。若在果园或农田围栏筑网，喷施农药有计划地进行，使鸡放牧地位于没有喷施农药或喷施 1 周以上的地块。

第四，在农区或山区，农田、果园、山场或林地由家庭承包。在多数情况下，农民承包的面积有限。而在有限的地块养鸡，如果不限制鸡的活动,往往鸡的活动超出自家范围。为了安全,同时为了防止鸡群对周围作物的破坏,减少邻里摩擦,往往采取围网的方式。

生态养鸡,让鸡充分采食自然饲料,包括青草、昆虫和腐殖质等。但是,多数情况下,青草的生长速度往往低于鸡的采食速度,很容易出现过牧现象。为了防止过牧现象的发生,将一个地块用围网分成若干小区(一般 3 个左右),使鸡轮流在 3 个区域内采食,即分区轮牧,每个小区放牧 1～2 周,使土地生息结合,资源开发和保护并举。

84. 放牧过渡期如何饲养管理?

由育雏舍转移到野外放牧的最初 1～2 周称为放牧过渡期,该期尽管时间较短,但是非常容易出现问题,因此是放养成功与否的关键时期。如果前期准备工作做得较好,过渡期管理得当,雏鸡很快适应放牧环境,不因为环境的巨大变化而影响生长发育。

转群日的选择非常关键。应选择天气暖和的晴天,在夜间转群。将灯关闭后,打开手电筒,手电筒头部蒙上红色布,使之放出黯淡的红色光,以使雏鸡安静,降低应激。轻轻将雏鸡转移到运输笼,然后装车。按照原分群计划,一次性放入鸡舍,使之在放牧地的鸡舍过夜 ,第二天早晨不要马上放鸡,要让鸡在鸡舍内停留较长的时间,以便熟悉其新居。待到 9～10 时以后放出喂料,料槽放在离鸡舍 1～5 米远,让鸡自由觅食,切忌惊吓鸡群。饲料与育雏期的饲料相同,不要突然改变。

开始几天,每天放养较短的时间,以后逐日增加放养时间。为了防止个别小鸡乱跑而不会自行返回,可设围栏限制,并不断扩大放养面积。1～5 天内仍按舍饲喂量给料,日喂 3 次。5 天后要限制饲料喂量,分两步递减饲料:首先是 5～10 天内饲料喂平常舍饲日粮的 70 %;其次是 10 天后直到出栏,饲料喂量减半,只喂平常各生长阶段舍饲日粮的 30%～50 %,日喂 1～2 次(天气不好的时候喂2次,由于鸡有懒惰和依赖性,饲喂的次数越多效果越差)。

85. 怎样用青草喂鸡?

一般情况下,在放牧期间让鸡自由采食野草野菜。但是,当经常放牧的场地青草或青菜生长低于鸡的采食时,即出现供不应求现象。为了减少对放牧地块生态的破坏,同时也为了降低饲养成本,提高养殖效益(通过投喂青草减少精饲料的喂量)和效果(经常采食野草野菜的鸡,其产品无论是鸡蛋,还是鸡肉,质量高于精饲料喂养的同类产品),往往在其他地方采集青草喂鸡。

人工采集青草喂鸡有3种方法:

(1)直接投喂法 即将采集到的野草野菜直接投放在鸡的放牧场地或集中采食场地,让其自由采食。这种方法简便,省工省力,但有一定浪费。

(2)剁碎投喂法 即将青草或青菜用菜刀剁碎后饲喂。这种方法一般投放在料槽里,其虽然花费了一定劳动,但浪费较少。

(3)打浆饲喂法 将青草青菜用打浆机打成浆,然后与一定的精饲料搅拌均匀饲喂。这种方式适合规模较大的鸡场,同时配备一定的人工牧草种植。虽然这种方式投入较大,但可有效利用青草,减少饲料浪费,增加鸡的采食量,饲养效果最好。

86. 换料如何进行?

在养鸡生产中,饲料的更换或变动是不可避免的。但是,如果饲料变化比例过大,或换料时间过短,即突然换料,由于鸡的消化功能不能很快适应新的饲料,会造成消化功能失调,诱发疾病,影响生产性能。

换料应遵循的基本原则是逐渐过渡。其过渡期的长短根据鸡群的日龄、健康状况、气候条件、饲料变化程度等来决定。一般过渡期7天左右。青年鸡、健康状况良好、气候正常、饲料变化不大,过渡期可以适当缩短。如果处于产蛋高峰期，饲料变化较大，特别是处于气候不稳定期和疾病多发期，换料一定要慎重。否则会造成重大损失。

一般将过渡期分为 3 个阶段，每个阶段 2～3 天。先更换原来饲料的 1/3，即用新饲料代替原来饲料，饲喂几天后再增加新饲料 1/3，代替原来饲料同等的数量或比例，最后全部更换。

87. 放养期怎样供水？

尽管鸡在野外放养可以采食大量的青绿饲料，但是水的供应是必不可少的。没有充足的饮水，就不能保证快速的生长和健康的体质，以及饲料的有效利用。更不能保证有较高的产蛋性能。尤其是在植被状况不好、风吹日晒严重的牧地，更应重视水的供应。

饮水以自动饮水器最佳，以减少饮水污染，保证水的随时供应。

自动饮水应设置完整的供水系统，包括水源、水塔（或相当于水塔的设备，通过势差将水由高处流向低处）、输水管道、终端（饮水器）等。输水管道最好地下埋置，而终端饮水器应在放牧地块，根据面积大小设置一定的饮水区域，最好与补料区域结合，以便鸡采食后饮水。饮水器的数量应根据鸡的多少设置足够的数量。

实际生产中，很多鸡场不具备饮水系统，特别是水源（水井）问题难以解决。在放牧地周围天然的饮水地（如坑塘、河流等）容易被鸡粪便污染，难以保护，因而，不主张在这样的地方自由饮水。而一般小型鸡场多采取异地拉水。对于这种情况，可制作土饮水器，即利用铁桶作为水罐，利用负压原理，将水输送到开放的饮水管或饮水槽。

88. 放养期怎样诱虫?

诱虫是生态养鸡的重要内容之一。诱虫的目的有二:一是消灭虫害,降低作物和果园的农药使用量,实现生态种植与养殖的有机结合;二是通过诱虫,为鸡提供一定的动物蛋白质,降低养殖成本,提高养殖效果。昆虫虫体不仅富含蛋白质和各种必需氨基酸,还含有抗菌肽及多种未知生长因子。实践表明,若是鸡采食一定的昆虫饲料,则生长发育速度快,发病率降低,成活率提高。笔者在实践中发现,经常采食昆虫的鸡,对于一些特殊的疾病(如病毒性的马立克氏病)有一定的抵抗力,发病率较低。此现象的出现笔者认为与昆虫体内的特殊抗菌物质有关,具体机理有待进一步研究。诱虫一般采用 3 种方法,即黑光灯诱虫、高压电弧灭虫灯诱虫和性激素诱虫。

(1) 黑光灯诱虫 诱虫光源一般使用两种:一种是高压自镇汞灯泡,一种是黑光灯泡。而黑光灯诱虫是生产中最常见的。夏季既是生态放养鸡的最佳季节,也是昆虫大量孳生的季节。利用昆虫的趋光性,使用黑光灯可大量诱虫。黑光灯发出的光波波长为 3 800 埃,大多数昆虫如飞蛾、蝗虫、螳螂、蚊蝇等,对波长为 3 000～4 000 埃的光波极为敏感。黑光灯诱虫需要有 220 伏交流电源(50 赫兹),规格不同,有 20 瓦、30 瓦、40 瓦及高功率灯具等多种。

安装时应在其上设一防雨的塑料罩,或 3 块挡虫玻璃板,规格为 690 毫米×140 毫米×3 毫米(长×宽×厚)。可将黑光灯安装在果园一定高度的杆子上,或吊在离地面 1.5～2 米高的地方。安装要牢固,不要左右摇摆。一般每隔 200～300 米安装 1 个。黑光灯诱虫采取傍晚开灯,昆虫飞向黑光灯,碰到灯即撞昏落入地面,被鸡直接采食,或落入安装在灯管下面的虫体袋内。次日将集中在袋内的虫体喂鸡。黑光灯诱虫效果受天气影响较大,高温无风的夜间虫子较多，而大风、雨天和降温的天气昆虫较少。因此，遇有不良天气时不必开灯。雨后1小时也不要开灯。灯具的周围不要使用其他强光灯具，以免影响应用效果。使用黑光灯一定要注意用电安全，灯具工作时不要用手触摸灯具。

据报道，天津郊区在渔场使用9YH-20型渔用黑光灯，一盏20瓦的灯在7、8、9月份，平均每夜诱捕昆虫量在20千克左右。

(2) 高压电弧灭虫灯 是利用昆虫趋光性的原理，以高压电弧灯发出的强光，诱导昆虫集中于灯下。然后被鸡捕捉采食。高压电弧灯一般为500瓦(220伏，50赫兹)，将其悬吊于宽敞的放牧地上方，高度可调整。每天傍晚开灯。由于此灯的光线极强，可将周围2 000米范围内的昆虫吸引过来。据我们在献县基地的试验观察，一盏灯每天夜间开启4个小时，可使1 500只鸡每天的补料量减少30%。

(3)性激素诱虫 利用性激素诱虫也是农田和果园诱杀虫子的一种方法。不过相对于光线诱虫而言，其主要应用于作物或果树的虫情测报和降低虫害发生率(多数是捕杀雄性成虫，使雌性成虫失去交配机会而降低虫害的发生率)。

生产中使用的性激素是人工合成的。利用现代分析化学的方法，将不同虫子的性激素成分解密，然后人工合成。其诱虫效果较自然激素还要高。

我国科学工作者经过研究，用人工方法制成了多种害虫的雌性激素信息剂，每逢害虫成虫盛发期，在放牧地块里扎上高约1米的三脚架，架上搁1个盛大半盆水的诱杀盆，中央悬挂1个由性激素剂制成的信息球，此球发出的雌性信息比真雌虫还强，影响距离更远。当雄性成虫嗅到雌性信息后便从四面八方飞来，在狂欢中撞入水盆被淹死，然后将它们作为鸡的美味佳肴。

性激素诱虫的效果受到多种因素的制约，如，性激素的专一性、种群密度、靶标害虫的飞行距离(即搜寻面积的大小)、性诱器周围的环境及气象条件，尤其是温度和风速。性诱器周围的植被也影响诱捕效率(表 6-8)。

表 6-8 性激素与传统杀虫剂的区别

项　目	性激素	传统杀虫剂
毒　性	对哺乳动物和鱼无毒	一般有毒
对天敌的影响	天敌能生存	常引起次生害虫发生
环境污染	易被微生物降解	污染比较严重，不可忽视
抗　性	至今未见报道	一般引起抗性
施用次数	每年 1～2 次	一年多次
种群密度	高密度时无效	高密度时有效
处理区面积	较大的处理面积更有效	小面积亦有效
处理时间	前世代蛾的整个飞翔期	仅在损失上升之前有效
气　候	无风和较大的风速受到影响	雨中无效
选择性	仅对靶标虫种有效	一种药能控制多种害虫

89. 生态放养柴鸡的主要兽害是什么？怎样控制鼠害？

放养期间对鸡群造成伤害的动物主要是老鼠、老鹰、黄鼠狼和蛇。预防鼠害、鹰害、鼬害和蛇害，是保障鸡群安全的重点。

老鼠对放牧初期的小鸡有较大的危害性。因为此时的小鸡防御能力差，躲避能力低，很容易受到老鼠的侵袭。即便大一些的鸡，夜间受到老鼠的干扰也会造成惊群。预防鼠害可采取 4 种方法。

(1)鼠夹法 在放牧前7天,在放牧地块里投放鼠夹等捕鼠工具。每一定面积(一般每公顷投放30～45个)按照一定的规律投放一定的工具,每天傍晚投放,次日早晨观察。凡是捕捉到老鼠的鼠夹,应经过处理(如清洗)后再重新投放(曾经夹住老鼠的鼠夹,带有老鼠的气味,使其他老鼠产生躲避行为)。但在放牧期间不可投放鼠夹。

(2)毒饵法 在放牧前2周,在放牧地投放一定的毒饵。一般每667平方米地块投放2～3处,记住投放位置,设置明显的标志。每天在放牧地块检查被毒死的老鼠,及时捡出并深埋。连续投放1周后,将剩余的毒饵全部取走,1个不剩。然后继续观察1周,将死掉的老鼠全部清除。

(3)灌水法 在放牧前,将经过训练的猫或狗牵到放牧地,让其寻找鼠洞,然后往洞内灌水,迫使其从洞内逃出,然后捕捉。注意有些老鼠洞一洞多口,防止老鼠从其他洞口逃出。

(4)养鹅驱鼠法 以生物方法驱鼠避鼠是值得提倡的。实践中,我们提出了鸡鹅结合、生态相克防治天敌的生物防范兽害技术,取得良好效果。

鹅是由灰雁驯化而来,脚上有蹼,具有水中游泳的本领,喜在水中觅食水草、水藻,在水中嬉戏、求偶、交配。经人类长期驯化,大部分时间在陆地上活动、觅食。因此,其具有水陆两栖性。其还具有群居性和可调教性,很容易与饲养人员建立友好关系。

利用鹅的警觉性、攻击性、合群性、草食性、节律性等特点,进行以鹅护鸡,收到较好效果。我们的试验设计是这样的,将鹅圈养在鸡舍周围,平时同样放牧,单独补饲,以吃饱为度。试验设置4组,鸡鹅比例分别为100∶1、100∶2、100∶3和100∶0(对照组)。试验结果见表6-9。

表 6-9 不同鸡鹅配比对放养柴鸡兽害伤亡的影响 （单位：只、%）

组别	柴鸡饲养量	鹅饲养量	兽害				兽害伤亡总数	兽害伤亡率
			老鼠	黄鼠狼	老鹰	狗		
1	900	9	3	3	1	2	9	1.00
2	1000	20	2	—	—	1	3	0.30
3	1200	36	—	—	—	—	0	0
4	2000	0	23	11	5	10	49	2.45

从上表可看出，试验组兽害伤亡率分别为 1%、0.3% 和 0%，对照组（4 组）的兽害伤亡率为 2.45%。3 个试验组的兽害伤亡率分别比对照组低 1.45、2.15 和 2.45 个百分点。可见，养鹅对防范放养柴鸡的兽害伤亡效果明显。鸡鹅比以 100∶2～3 为宜，大群饲养也可为 100∶1 的比例。

90. 怎样控制鹰害？

鹰类是益鸟，是人类的朋友。具有灭鼠捕兔的本领。它们具有敏锐的双眼、飞翔的翅膀和锋利强壮的双爪。在高空中俯视大地上的目标，一旦发现猎物，直冲而下，速度快、声音小，攻击目标准确。因此，人们将老鹰称为草原的保护神，其对于农作物和草场的鼠害和兔害的控制，维护生态平衡起到非常重要的作用。但是，它们对于草场生态养鸡具有一定威胁。

鹰类总的活动规律基本上与鼠类活动规律相同，即初春秋季多，盛夏和冬季相对较少；早晨（9～11 时）下午（4～6 时）多，中午少；晴天多，大风天少。鼠类活动盛期，也是鹰类捕鼠高峰期，鼠密度大的地方，鹰类出现的次数和频率也高。山区和草原较多，平原较少。但是，近年来我们观察，无论在山区，还是平原，无论是春夏，还是秋冬，均有一定的老鹰活动，对鸡群造成一定伤害。

由于鹰类是益鸟，是人类的朋友，因此，在生态养鸡的过程中，对它们只能采取驱避的措施，而不能捕杀。可采取如下方法：

①鸣枪放炮法　放牧过程中有专人看管，注意观察老鹰的行踪。发现老鹰袭来，立即向老鹰方向的空中鸣枪，或向空中放几响鞭炮，使老鹰受到惊吓而逃跑。连续几次之后，老鹰不敢再接近放牧地。

②稻草人法　在放牧地里，布置几个稻草人，尽量将稻草人扎得高一些，上部捆一些彩色布条，最上面安装一个可以旋转、带有声音的风向标，其声音和颜色及风吹的晃动，对老鹰产生威慑作用而不敢凑近。

③人工驱赶法　放牧时专人看管，手持长柄扫帚或其他工具，发现老鹰接近，立即边跑边挥舞工具边高声驱赶。如果配备牧羊犬效果更好。

④罩网法　在放牧地，架起一个大网，离地面 3 米左右，并将鸡围起来，在特定的范围放牧。老鹰发现目标后直冲而下，接触网后，其爪被网线缠绕，此时饲养人员舞动工具高声驱赶，老鹰夺路而逃。

一般而言，老鹰有相对固定的领域。即在一定的范围内只有特定几个老鹰活动，其他老鹰不能侵入这一区域，否则，将被驱赶。只要经过几次驱赶惊吓之后，老鹰便不敢轻易闯入。

91. 怎样控制鼬害？

黄鼠狼又名黄狼、黄鼬。身体细长、四肢短，尾毛蓬松。雄体体重平均在 0.5 千克以上。全身棕黄色，鼻尖周围、下唇有时连到颊部有白色。是我国分布较广的野生动物之一。

黄鼬生性狡猾，一般昼伏夜出，黄昏前后活动最为频繁。除繁殖季节外，多独栖生活。喜欢在道路旁的隐蔽处行窜捕食，行动线路一经习惯则很少改变。黄鼠狼性情凶悍，生活力强，警觉性很高。夏天常在田野里活动，冬季迁居村庄内。洞穴常设在岩石下、树洞中、沟岸边和废墟堆里。习惯穴居，定居后习惯从一条路出入。主食野兔、鸟类、蛙、鱼、泥鳅、家鼠及地老虎等。在野生食物采食不足时，对家养鸡形成威胁。尤其是在野外放养鸡，经常遭到黄鼬的侵袭。因此，应引起高度重视。

黄鼬喜欢穴居，特别喜居干燥的土洞、石洞或树洞，亦经常出入并借住鼠洞，洞口较光滑，周围多有刮落的绒毛和粪便。黄鼬有固定的越冬巢穴，巢穴有多个洞口。为了抗寒防雪，巢穴多设在向阳、背风、静僻处，如闲屋、墟堆、仓库、草垛等地。洞口常因黄鼬呼吸而形成一触即落的块状霜。巢穴附近及通向觅食场所和水源的途径，就是捕捉黄鼬的最佳位置。

对于黄鼬，可采取以下几种方法捕捉或驱赶：

①*竹筒捕捉法* 选较黄鼠狼稍长的竹筒(长 60～70 厘米)，里口直径 7 厘米，筒内光滑无节。把竹筒斜埋于土中，上口与地面平齐或稍低于地面。筒底放诱饵如小鼠、青蛙、小鱼、泥鳅等，也可放昆虫等活动物(用网罩住)或火烤过的鸡骨。黄鼠狼觅食钻进竹筒后，无法退出而被活捉。

②*木箱捕捉法* 制一长 100 厘米、高 16 厘米、宽 20 厘米的木箱，两头是活闸门。闸门背面中间各钻一小浅眼，箱体上盖中间钻一小孔。闸门升起，浅眼与上盖面平齐。用与箱体等长细绳，两头各拴一小钉插入闸门眼中，将闸门定住。细绳中间拴一条 7～10 厘米短绳穿入箱内，底端拴一小钩挂上诱饵。黄鼠狼拉食饵料，即带动小钉脱离闸门，闸门降下将其关住，遂被活捉。

③*夹猎法* 将踩板夹安置在黄鼬的洞口或经常活动的地方，黄鼬一触即被夹获。还可在夹子旁放上鼠、蛙、鱼、家禽及其内脏等诱饵，待黄鼬觅食时夹住。

④*猎狗追踪捕捉* 猎狗追踪黄鼠狼到洞口，如黄鼠狼在洞内，狗会不断摇尾巴或吠叫，这时在洞口设置网具，然后用猎杆从洞的

另一端将其赶出洞，将其活捉。

⑤灌水烟熏捕捉法　利用狗寻找黄鼬洞口，随后用网封住洞口，然后往洞内灌水，或往洞内吹烟，迫使其出洞而被活捉。采取这种办法时应注意黄鼬的多个洞口，防止其从其他洞口逃窜。

此外，养鹅护鸡对黄鼬也有较好的驱避效果。

92. 怎样控制蛇害？

蛇隶属于爬行纲，蛇目。按照其毒性有无分为有毒蛇（如眼镜蛇、金环蛇、银环蛇、眼镜王蛇、蟆蛇、尖吻蟆、竹叶青、烙铁头等）和无毒蛇（各种游蛇）。

(1)蛇的主要特性有以下几点

①昼夜性　有的昼伏夜行，如金环蛇、银环蛇，而有的与之相反，如眼镜蛇，也有的早晚活动，如尖吻蝮、蝮蛇，还有的昼夜活动，如竹叶青、烙铁头等。但遇大风和大雨天，蛇基本不出来。

②变温性　蛇属于变温动物，对环境温度变化非常敏感，其生存活动呈现季节性。每年 3 月中旬（惊蛰至清明），气温回升至 15℃以上，蛇冬眠初醒；4～5 月份（清明至小满），气温 20℃左右蛇四处觅食，蜕皮，交配等小范围活动。6 月份（小满）以后，气温 20℃～30C 时，蛇多数离开冬眠之地，迁至隐蔽的水边，饮水洗澡、觅食等频繁活动。若温度过高，蛇躲在较阴凉的地方夏眠，以度过干热的天气；9～10 月份（白露至霜降）蛇又在四处觅食，积累养分，准备冬眠越冬；11 月份（降霜）以后，气温降至 15℃以下，蛇类陆续冬眠。

冬眠的先后顺序与蛇的种类、性别、年龄等有关。一般是无毒蛇比毒蛇、雌蛇比雄蛇、成年蛇比幼年蛇先冬眠。常见多数蛇群居冬眠于 1 米以下的干燥洞穴中，这样能保持体温恒定甚至升高 1℃～2℃，减少水的蒸发，有利于越冬。也有少数独居越冬。

③蜕皮性　当蛇长到一定程度，要把已角质化的皮肤蜕掉、重

新长出新皮肤，同时更换鳞片，蛇每年要蜕皮3～4次。蜕皮先从嘴唇开始，头部皮肤松开反转向外，借助粗糙的地面或岩石，老树皮等蜕掉旧皮。通常幼蛇生长速度快，蜕皮次数多于成年蛇。食物丰富的蛇，蜕皮次数较多。

④食性　蛇类的食性很广。主要以活体小型动物为主，如黄鳝、泥鳅、蛙类、鸟类、鼠类、蚯蚓等。不同蛇种对食物喜食程度不同。如银环蛇喜食黄鳝、泥鳅；眼镜蛇喜食青蛙和其他小蛇；蝮蛇喜食青蛙、蟾蜍、鸟类和鼠类。蛇不食死的、腐败的动物。蛇类的食量较大，一次可吞食比其身体重2～3倍的食物。消化能力和耐饥性很强。蛇一次饱餐后，10～15天可以不吃食物。除羽毛、兽毛不能消化外，连动物的骨头都能消化。

在草原，蛇是捕鼠的能手，对于保护草场生态起到重要作用。但是野外放养鸡，蛇也是天敌之一。尤其是我国南部的省份为甚。其主要对育雏期和放养初期的小鸡危害大。

(2)控制蛇害的方法　对付蛇害，我国劳动人民积累了丰富的经验，一般采取两种途径，一是捕捉法，二是驱避法。

①捕捉法

第一，徒手捕捉法：发现蛇后，要胆大心细，做到眼尖、脚轻、手快，切忌用力过猛或临阵畏缩。民间流传捕蛇的口诀：一顿二叉三踏尾，扬手七寸莫迟疑，顺手松动脊椎骨，捆成缆把挑着回。即当发现蛇时，先悄悄地接近它，然后脚一顿造成振动，使蛇突然受惊不动，然后趁势下蹲迅速抓住蛇颈，立即踏住蛇尾用力拉直蛇身，松动其脊椎骨，使蛇暂时失去缠绕能力并处于半瘫痪状态，再将蛇体卷好，用绳扎牢蛇颈和蛇体，然后放入容器中或用棍棒挑起来，这种方法是捕蛇老手的经验总结。

第二，引蛇出洞麻醉捕捉法：诱饵配制：咖啡50克，胡椒25克、鸡蛋清1.5千克、面粉50克。混合搅成糊团，放在有蛇的地方，能引诱到大量蛇群出洞；或在蛇经常出入的地方，将狗血洒在地上，人即远离。约半小时后，方圆200米内大小蛇类，不论毒蛇还是无毒蛇，凡闻到腥味都向狗血处聚集。捕蛇前先用云香精配雄黄擦手。然后用云香精、雄黄水向蛇身上喷洒，蛇立即浑身发软乏力、不能行动，软瘫在地任人捕捉。切记：捕蛇时人接近蛇群既要隐蔽又要迅速。

第三，捕蛇工具捕捉法。

圈套法：一条打通的竹竿，用一根绳穿过其中，一边成套。看到蛇时，把圈套迅速套入蛇颈，立即拉紧绳子，这样蛇即被套住。

钩压法：工具是一头装有较尖锐的铁制蛇钩，用蛇钩把毒蛇的头部钩住压在地面上，再用另一只手去抓蛇的颈部。

② 驱 避 法

第一，凤仙花驱避法。凤仙花又称花梗，凤仙花科。是观赏、药用和食用多用途植物。据药理学研究，凤仙对藓菌、金黄色葡萄球菌、溶血性链球菌、伤寒、痢疾杆菌等有不同程度的抑制作用。其茎和种子可入药，茎在中药中称为凤仙透骨草，有祛风湿、活血、止痛的功效，用于治疗风湿性关节痛、屈伸不利等症；种子称为急性子，有软坚、消积的作用，用于治疗噎膈、骨鲠咽喉、腹部肿块、闭经等；在民间，常被用来治疗风湿疼痛、四肢麻木、月经不调、风湿性关节炎、跌打损伤、恶疮毒痈、毒蛇咬伤等。蛇对此花有忌讳，不愿靠近。在放养的地边种植一些凤仙花，可有效地预防蛇的进入和对鸡的伤害。

第二，其他植物驱避法。据资料介绍，七叶一枝花、一点红、万年青、半边莲、八角莲、观音竹等，均对蛇有驱避作用；还可在鸡场隔离区种些芋艿，不仅能遮荫，而且芋艿汁碰到蛇身上就会让它蜕一层皮，所以它也不敢靠近芋艿地；另据报道，用亚胺硫磷（果树农药）0.5千克加水拌匀喷洒在鸡场放牧地周围，蛇类嗅到药味便会全部逃之夭夭，惟恐避之不及，以后则极少在此间出没活动，效果非常显著。

养鹅是预防蛇害非常有效的手段。无论是大蛇,还是小蛇、毒蛇,还是菜蛇,鹅均不惧怕,或将其吃掉,或将其驱逐出境。

93. 怎样做好夜间安全防范?

鸡的活动很有规律,日出而动,日落而宿。每天在傍晚,鸡的食欲旺盛,极力采食,以备夜间休息期间进行营养的消化和吸收。同时,夜间也是多种野生动物活动的频繁时间。搞好夜间防范成为鸡场最为重要的问题之一。

总结生产经验,做好夜间防范有以下几种方法:

①养鹅报警　正如上面所述,鹅是禽类中特殊的动物,警觉性很强,胆子很大,不仅具有报警和防护性,而且具有一定的攻击性。在鸡舍周围饲养适量的鹅,可发挥其应有的作用。

②安装音响报警器　在不同鸡舍的一定位置(高度与鸡群相近,以便使鸡受到威胁时发出的声音得到搜集)安装音响报警器,总控制面板设在值班室。任何一个鸡舍发生异常,控制面板的信号灯就会发出指令,随后值班人员前去处理。

③安装摄像头　在鸡舍的一定位置安装摄像头,与设置在值班室的电脑形成一体。当发生动物侵入时,值班人员就会通过监控屏幕发现,并及时处理。

94. 放养期怎样减少各种应激?

鸡对外界环境十分敏感,保持环境稳定是提高放养鸡生产性能的关键环节。生产中环境变化或对鸡的应激因素主要有:

(1) 动物的闯入　在放牧期间,家养动物的闯入(以狗和猫为甚),对鸡群有较大的影响。特别是在植被覆盖较差的地块放牧,鸡和其他闯入动物均充分暴露,动物的奔跑、吠叫,对鸡群造成较强的应激。应避免其他动物进入放牧区。有条件的鸡场,可将放牧区用网围住。

(2)饲养人员更换 在长期的接触中,鸡对于饲养人员形成了认可的关系。如果饲养人员的突然更换,对鸡群是一种无形的应激。因此,应尽量避免人员的更换。如果更换饲养人员,应在更换之前让两个人共同饲养一段时间,使鸡对新的主人产生感情,确认其主人地位。

(3)饲喂制度变更 饲喂制度改变对鸡也会造成一定的应激。无论是饲喂时间、饮水时间、放牧时间或归牧时间,都不应轻易改变。

(4)位置的改变 在长期的放牧环境中,鸡群对其生活周围的环境产生适应,无论是鸡舍(鸡棚),还是饲具和饮具位置的变更,对其都有一定影响。例如,将鸡舍拆掉,在其他地方建筑一个非常漂亮的鸡舍,但这群鸡宁可在原来鸡舍的位置上暴露过夜,承受恶劣的环境条件,也绝不到新建的鸡舍里过舒适生活。

(5)气候突变 在环境对鸡群的影响中,气候的变化影响最大。包括突然降温、突然升温、大雨、大风、雷电和冰雹。

突然降温造成的危害使鸡在鸡舍内容易扎堆,相互挤压在一起,发现不及时容易造成底部的鸡被压死和窒息;高温造成的危害是容易中暑;而风雨交加或冰雹的出现,往往造成大批死亡。

几年生态养鸡实践中,我们对不同鸡场鸡放养期死亡情况分析,因疾病死亡占据非常小的比例,而气候条件的变化所造成的死亡占据50%左右。在放牧期间,突然大雨和大风,鸡来不及躲避,被雨水淋透。大雨必然伴随降温,受到雨水侵袭的鸡饥寒交迫,抗病力减退,如不及时发现,很容易继发感冒和其他疾病而死亡。若及时发现,应将其放入温暖的环境下,使其羽毛快速干燥,可避免死亡。

放牧期间,雷电对鸡群的影响很大。尽管很少有发生雷击现象,打雷的剧烈响声和闪电的强烈光亮的刺激,往往出现惊群现象,大批的鸡拥挤在一起,造成底部被压的鸡窒息而死。没有被挤压的鸡，由于受到强烈的刺激，几天才能逐渐恢复。因此，若遇到这样的情况，必须观察鸡群，发现炸群，及时将挤压的鸡群拨开。

对于规模化生态养鸡而言，必须注意当地的天气预报。遇有不良天气，提前采取措施。

95. 如何提高育成鸡的均匀度？

鸡群的整齐度如何对于开产日龄的集中度和产蛋率的高低有很大的影响，也是体现饲养品种优劣和饲养技术高低的重要标准之一。没有高的群体均匀度或整齐度，难有好的饲养效果。

影响鸡群均匀度的因素很多，例如，雏鸡质量、不同批次群体混养、群体过大、放养密度高、投料不足等。应有针对性地采取相应措施：

(1)建立良好的基础群　对于雏鸡的选择和培育是关键。要按照品种标准选择雏鸡，对于体质较弱、明显发育不良、有病或有残疾的雏鸡，坚决淘汰。淘汰体重过大或过小的雏鸡。如果所孵化的雏鸡群体差异较大，可遵循大小分群的原则。按照技术规范育雏，培育健康的雏鸡。

(2)严禁混群饲养　有些鸡场，多批次引进雏鸡，而每一批次数量都不大。为了管理的方便，将不同批次的鸡混合在一起饲养，这是绝对不允许的。日龄不同，营养要求不同，免疫不同，管理也不同。如果将它们混杂在一起，将造成管理的无章可循，带来不可弥补的后果。

(3)群体规模适中　过大的群体规模是造成群体参差不齐的原因之一。由于规模较大，使那些本来处于劣势的小鸡越来越处于劣势地位，使群体的差距越来越大。一般来说，群体规模控制在500只左右，最多也不应超过1 000只。对于数万只的鸡场，可以分成若干个小区隔离饲养。

(4)密度控制　放养密度是影响群体整齐度的另一个重要因

素。与群体规模过大的原理相似,过大的密度严重影响鸡的采食和活动,特别是阻碍一些身体或体重处于劣势的个体发育,使它们与群体之间的差距越来越大。

(5)投料 饲料的补充量不足,或者投料工具的实际有效采食面积小,会严重影响鸡的采食。使那些体小、体弱、胆小的鸡永远处于竞争的不利地位而影响生长发育。根据鸡在野外获得的饲料情况,满足其营养要求,合理补充饲料,并集中补料,增加采食面积,是保证群体均匀一致的重要措施。

(6)定时抽测,及时淘汰"拉腿鸡" 作为规范化的养鸡场,应该每周抽检1次,计算群体的整齐度。发现均匀度不好,应及时分析原因并采取措施。如果群体比较均匀,而个别鸡发育不良,应该采取果断措施,坚决淘汰那些没有发展前途的"拉腿鸡"。根据笔者观察,群体中的个别拉腿鸡,开产期非常晚,有的达200多天还不开产,有的甚至是一生可能不产蛋。饲养这样的鸡毫无意义。

96. 如何抽测鸡群体重?

体重抽测是鸡场的日常管理工作之一。在育雏期开始,育成末期基本结束,每周1次,并绘制成完整的鸡群生长发育曲线。

抽测体重要在夜间进行。晚上8时以后,将鸡舍灯具关闭,手持手电筒,蒙上红色布料,使之发出较弱的红色光线,以减少对鸡群的应激。随机轻轻抓取鸡,使用电子秤逐只称重,并记录。设计固定记录表格,每次将测定数据记录在同一表格内,并长期保存。

取样应具有代表性,做到随机取样。在鸡舍不同区域、栖架的不同层次,均要取样,防止取样偏差。

每次抽测的数量依据群体大小而定。一般为群体数量的5%,大规模养鸡不低于群体数量的1%,小规模养鸡每次测定数量不低于50只。

97. 提高育成期成活率的技术措施有哪些?

生态养鸡实践中我们发现,不同的鸡场成活率差异明显。总结成功者的经验和失败者的教训,我们认为,提高育成期成活率应注意以下几点:

(1)培育健雏是基础 放养初期(3 周内)死亡率占据整个育成期死亡率的 30%以上。除了一些人为伤亡以外,多数死亡的是弱雏或病雏。因此,欲提高育成期的成活率,必须在育雏期奠定基础,包括饲养健康雏鸡,淘汰弱雏、病雏和残雏;按照程序免疫;进行放养前的适应性锻炼等。

(2)搞好免疫 生产中发现,很多饲养者认为土鸡的抗病力强,不注射疫苗也没有问题。但是在规模化养殖条件下,很多传染性疾病,无论是笼养的现代鸡种,还是本地土鸡种,不免疫注射是绝对不安全的。尤其是马立克氏病,一些土孵化房不注射疫苗,多数在 2～3 月龄暴发,造成大批死亡。生产中发现,放养鸡在育成期的主要传染性疾病是马立克氏病、新城疫、法氏囊炎和鸡痘,应重视疫苗的注射。

(3)注重几种疾病的预防 除了一些烈性病毒性传染病以外,造成育成期死亡的其他疾病是球虫病、沙门氏菌病和体内寄生虫病。而这些疾病往往被忽视。野外放养如果遇到连续的阴雨天气,很容易诱发球虫病,应根据气候条件和粪便中球虫卵囊检测情况酌情投药。白痢是土鸡常发生的疾病,我国绝大多数地方鸡种没有进行白痢的净化,在育雏期未得到有效控制,在放养初期很容易发生。放养鸡场,特别是长年放养地块,体内寄生虫发生很普遍,应根据粪便寄生虫卵的监测进行有针对性的预防。

(4)减少放养丢失 一些鸡场在放牧过程中鸡只数量越来越少,而没有发现死亡和兽害。说明放牧过程中不断丢失。这是由于没有进行有效地信号调教,也没有采取先近后远,逐步扩大放养范围的放养方法。

(5)预防兽害 正如上面所提出的,主要是老鼠、老鹰、黄鼠狼和蛇害。应采取有效措施降低兽害伤亡。

(6)避免药害 草地、农田、果园等放养鸡,农药中毒造成的伤亡屡见不鲜。除了极个别人为破坏以外,多数情况是在放牧地直接喷药而没有实行分区轮牧和分区喷药;另一个原因是邻近农田喷药,放牧地与邻近农田没有用网隔开。这些细节问题应引起高度重视。

(7)预防恶劣天气 暴风雨是造成育成期死亡的一个重大因素。应时刻注意当地天气预报,遇有不良气候,尽量不放鸡,或提前将其圈回。

(8)避免群体过大 群体过大时,遇到应激因素或寒冷天气,鸡群扎堆,造成底部鸡只窒息死亡。这是生产中经常发生的事情,在一些鸡场的伤亡中占据较大的比例。

(9)注意大小分群 大小混养不可避免地造成以大欺小、以强欺弱的现象,使小鸡始终处于被动局面而影响生长发育,降低抗病力;此外,混群容易造成疾病的相互传染,不利于防疫和全进全出。这是放养鸡最忌讳的事情。

(10)全价营养,精心照料 生产中发现,鸡在育成期发育缓慢,没有达到标准体重。分析发现,主要原因是营养不足。一些人认为,育成期靠鸡自由野外找食即可满足营养需要,不需另外补料。这种观点是错误的。育成期阶段,是生长发育最快的时期,在野外采食的自然饲料,不能满足能量和蛋白质总量的需求,必须另外补充。特别是在大规模、高密度饲养条件下,仅靠采食一些植物性青饲料,很难满足鸡自身快速生长的需要。忽视补料是得不偿失的。

因此,应根据体重的变化与标准的比较,酌情补料。只有营养得到满足,生长才能快速,抗病力和成活率才能提高。

98. 放养鸡平时注意观察什么?

对鸡群进行认真观察,掌握鸡群状况,把问题解决在萌芽状态,是提高放养鸡经济效益的重要措施,也是一般饲养者往往忽视的问题。

一般来说,放养鸡体质健壮,疾病较少。但也不可掉以轻心。平时要认真观察鸡群的状况,发现个别鸡出现异常,及时分析和处理,防止传染性疾病的发生和流行。

观察鸡群可分几个阶段:一是每天早晨放鸡时观察鸡群活动情况。健康鸡总是争先恐后向外飞跑,弱者常常落在后边,病鸡不愿离舍或留在栖架上。通过观察可及时发现病鸡,及时治疗和隔离,以免疫情传播;二是放鸡后清扫鸡舍时观察鸡粪状况。正常的鸡粪便是软硬适中的堆状或条状物,上面覆有少量的白色尿酸盐沉积物。若粪过稀,则为摄入水分过多或消化不良。如为浅黄色泡沫粪便,大部分是由肠炎引起的。白色稀便则多为白痢病。而排泄深红色血便,则为鸡球虫病;三是每天补料时观察鸡的精神状态。健康鸡特别敏感,往往显示迫不及待感。病弱鸡不吃食或被挤到一边,或吃食动作迟缓,反应迟钝或无反应。病重鸡表现精神沉郁、两眼闭合、低头缩颈、翅膀下垂、呆立不动等;四是每天夜间观察鸡群的呼吸状况。晚上关灯后倾听鸡的呼吸是否正常,若带有咯咯声,则说明呼吸道有疾病。

99. 放养场地和鸡舍是否需要消毒?怎样进行?

草地(山场、林地、果园、草场、农田等)放养鸡,由于阳光充足、微生物分解,环境的自净作用强,除非发生传染性疾病,一般放养场地不进行消毒。但是,鸡舍内的消毒必须加强。因为放养场地面积大,鸡在单位面积内的活动频率低,加之舍外的诸多有利因素,不用人工消毒,通过自然消毒基本上可以做到环境的"净化"。而鸡舍及其周围则不同,鸡在此环境下活动频繁,污染物较多,湿度较大,如果不注意消毒,病原体繁衍的机会增加。因此,要注意局部环境的卫生管理工作。

鸡舍地面、补料的场所,每天打扫,定期消毒。水槽、料槽每天刷洗,清除槽内的鸡粪和其他杂物,让水槽、料槽保持清洁卫生,放养场进出口设消毒带或消毒池。栖架定期清理和消毒。鸡场谢绝参观。放养的场地应实行全进全出制。每批鸡放养完后,应对鸡棚彻底清扫、消毒,对所用器具、盆槽等熏蒸1次。同时,放养场地要安排1~2周的净化期。

100. 开产前饲养管理应注意什么?

放养鸡能否有一个高而稳定的产蛋率,在很大程度上取决于饲养管理。而开产前和产蛋高峰期的饲养管理尤为重要。重视这两个阶段的饲养管理,可获得较好的饲养效果。

第一,调整开产前体重。开产前3周(18~19周龄),务必对鸡群进行体重的抽测,看其是否达到标准体重。此时平均体重应达1 300克以上,最低体重1 250克,群体较整齐,发育一致。如果体重低于此数,应采取果断措施,或加大补料数量,或提高饲料的营养含量,或二者兼而有之。

第二,备好产蛋箱。开始产蛋的前1周,将产蛋箱准备好,让其适应环境。

第三,改换日粮。是指由生长日粮换为产蛋日粮,开产时增加光照时间要与改换日粮相配合,如只增加光照,不改换饲料,易造成生殖系统与整个鸡体发育的不协调。如只改换日粮不增加光照,又会使鸡体积聚脂肪,故一般在增加光照1周后改换饲粮。

第四,调整饲料中的钙水平。产蛋鸡对钙的需要量比生长鸡多3~4倍。笼养条件下,产蛋鸡饲料中一般含钙3%~3.5%,不超过4%。而放养鸡的产蛋率低于笼养鸡,同时在放养场地鸡可以获得较多的矿物质。因此,放养鸡的钙补充量低于笼养鸡。根据我们的经验,19周龄以后,饲料中钙的水平提高至1.75%,20～21周龄提高至3%。

对产蛋鸡适当补钙应注意的是:如对产蛋鸡喂过多的钙,不但抑制其食欲,也会影响磷、铁、铜、钴、镁、锌等矿物质的吸收。同时,也不能过早补钙,补早了反而不利于钙在骨骼中的沉积。这是因为生长后期如饲料中含钙量少时,小母鸡体内保留钙的能力就较高,此时需要的钙量不多。在实践中采用的补钙方法是:当鸡群见第一枚蛋时,或开产前2周在饲料中加一些贝壳或碳酸钙颗粒,也可放一些矿物质于料槽中,任开产鸡自由采食,直到鸡群产蛋率达5%,再将生长饲料改为产蛋饲料。

第五,增加光照。21周龄开始逐渐增加光照。正如上面所述,增加光照与改换饲料相配合。

101. 柴鸡何时开产好?如何控制柴鸡开产日龄?

本地柴鸡开产日龄参差不齐。有的100多日龄见蛋,有的200多天还不开产。这除了与该鸡种缺乏系统选育外,与饲养环境恶劣和长期营养不足有很大关系。因此,在搞好选种育种的同时,加强饲养管理和营养供应,是提高放养蛋鸡产蛋性能的关键措施。

开产日龄影响蛋重和终生产蛋量。开产过早,使蛋重不能达到柴鸡蛋标准,也很难有较高的产蛋率。相反,开产日龄过晚,会影响产蛋量和经济效益,也不会有明显的产蛋高峰和持久、稳定和较高的产蛋率。因此,对其开产日龄应适当控制。一般是通过补料量、营养水平、光照的管理和异性刺激等手段,控制体重增长和卵巢发育,实现控制开产日龄的目的。

对于河北柴鸡而言,母鸡140日龄左右、体重达1.4～1.5千克时开始产蛋比较合适。为促使其性腺发育,在母鸡群里投放一定比例(1∶25～30)的公鸡较好。这样,母鸡与公鸡在一起生长,可刺激母鸡生殖系统发育成熟的速度,提前开产和增加产蛋量。定期抽测鸡群的体重,如果体重符合设定标准,按照正常饲养,即白天让鸡在放养区内自由采食,傍晚补饲 1 次,日补饲量以 50～55 克为宜。如果体重达不到标准体重,应增加补料量,每天补料次数可达到 2 次(早晚各 1 次),或仅延长补料时间,增加补料数量,但一般在开产前日补料量控制在 70 克以内。

102. 如何提高柴鸡蛋常规品质?

柴鸡蛋的常规品质主要指蛋壳厚度、蛋壳硬度、蛋清稠度、蛋清颜色、蛋中血斑肉斑等异物。

(1)蛋壳厚度 当饲料中缺乏钙、磷等矿物质元素和维生素 D,或钙、磷比例不当时,多产软蛋、薄壳蛋。蛋鸡饲料中通常含钙 3.2%～3.5%,磷 0.6%,钙与磷的比例为5.5～6∶1。出现产软蛋、薄壳蛋时,应及时按要求补充贝粉、石灰石粉、骨粉或磷酸氢钙等,同时补充维生素 D 制剂,如鱼肝油、维生素 D_3 粉等,以促进钙、磷的吸收和利用。

(2)蛋壳硬度 饲料中缺锰、锌,则使蛋壳不坚固、不耐压,极易破碎,蛋壳上常伴有大理石样的斑点,并伴有母鸡屈腱病。一般认为饲料中添加 55～75 毫克/千克的锰,可显著提高蛋壳质量。研究表明,当饮水中加入氯化钠 2 克/升的同时,在饲料日粮中加入 500 毫克/千克蛋氨酸锌或硫酸锌可显著降低蛋壳缺陷,提高蛋壳强度。应注意,锰添加量不宜过多,饲料必须混匀,以免导致维生素 D 遭到破坏,影响钙、磷的吸收。

(3)增稠蛋清 蛋清稀薄,且有鱼腥气味,多为饲料中菜籽饼或鱼粉配合比例过大。菜籽饼含有毒物质硫葡萄糖苷,在饲料中如超过 8%～10%,就有可能使褐壳鸡蛋产生鱼腥气味(白壳鸡蛋例外)。饲料中的鱼粉特别是劣质鱼粉超过 10%时,褐、白壳蛋都有可能产生鱼腥味,故在蛋鸡饲料中应当限制菜籽饼和鱼粉的使用量,前者应在 6%以内,后者在 10%以下,去毒处理后的菜籽饼则可加大配合比例。若蛋清稀薄且浓蛋白层与稀蛋白层界限不清,则为饲料中的蛋白质或维生素 B_2、维生素 D 等不足,应按实际缺少的营养物质加以补充。

(4)蛋清颜色 鸡蛋冷藏后蛋清呈现粉红色,卵黄体积膨大,质地变硬而有弹性,俗称“橡皮蛋”,有的呈现淡绿色、黑褐色,有的出现红色斑点。这与棉籽饼的质量和配合比例有关。棉籽饼中的环丙烯脂肪酸可使蛋清变成粉红色,游离态棉酚可与卵黄中的铁质生成较深色的复合体物质,促使卵黄发生色变。配合柴蛋鸡饲料应选用脱毒后的棉籽饼,配合比例应在 7%以内。

(5)蛋中异样血斑 若鸡蛋中有芝麻或黄豆大小的血斑、血块,或蛋清中有淡红色的鲜血,除因卵巢或输卵管微细血管破裂外,多为饲料中缺乏维生素 K。应在饲料中适量添加维生素 K,则可消除这种现象。

103. 如何降低柴鸡蛋中的胆固醇含量?

由于人类摄入胆固醇含量过高会诱发一系列的心血管疾病,因此降低鸡蛋中的胆固醇含量成为提高鸡蛋品质的重要标准之一。铬是葡萄糖耐受因子的组成成分,参与胰岛素的生理功能,在机体内糖脂代谢中发挥重要作用。研究表明,铬能显著提高蛋鸡产蛋率,并使卵黄胆固醇水平显著下降,铬的作用机制是通过增加胰岛素活性,促进体内脂类物质沉积,减少循环中的脂类,从而降低血浆和蛋黄中的胆固醇含量,添加量以 0.8 毫克/千克 为最佳水平。

笔者研究发现,采食的青草越多,鸡蛋中的胆固醇含量越低。这是由于青饲料中含有大量的粗纤维,而粗纤维在肠道内与胆固醇结合而影响其吸收,使之通过粪便排出。

笔者研究发现,饲料或饮水中添加微生态制剂,可有效降低鸡蛋中胆固醇的含量。使用笔者研发的生态素,在饮水中添加0.3%,鸡蛋中胆固醇可降低20%以上。微生态制剂可以抑制胆固醇合成过程中重要的限速酶3-羟基-3-甲基戊二酰辅酶A(HMG-CoA)的活性,从而有效阻止胆固醇的合成。

据资料介绍,复方中草药可以有效降低鸡蛋中的胆固醇含量。例如:党参80克,黄芪80克,甘草40克,何首乌100克,杜仲50克,当归50克,山楂100克,白术40克,桑叶60克,桔梗50克,罗布麻80克,菟丝子50克,女贞子50克,麦芽50克,橘皮50克,柴胡50克,淫羊藿70克,共为细末,拌入500千克饲料中,连续饲喂。其中:党参、黄芪、甘草、白术为补气药。党参能延缓衰老,抗缺氧作用;黄芪能抗衰老,并对血糖有双向调节的作用,能降低血脂;甘草能加速胆固醇的代谢;白术有抗衰老作用;何首乌、当归为补血药,何首乌能降低血清的胆固醇,当归有降低血脂作用;杜仲、菟丝子、淫羊藿为补肾壮阳药。杜仲能降低血清中的胆固醇,减少其吸收;菟丝子、淫羊藿均能降低血脂抗衰老;桑叶、桔梗、橘皮为止咳化痰药,桑叶能排除体内胆固醇,降血脂;桔梗、橘皮均有降血脂抗衰老的作用;山楂、麦芽能健胃消食,山楂具有明显降低血脂和减轻动脉粥样硬化作用。罗布麻能显著降低试验性高脂血症的发生,并可降低血清中的胆固醇。此外,还含有寡聚糖、类黄酮物质、植物固醇、微量元素铜、铬和钒等。

104. 如何提高柴鸡蛋中微量元素含量?

鸡蛋中微量元素种类很多,意义比较大的有硒和碘,也就是高硒蛋和高碘蛋的生产。

硒是保护体细胞膜的酶不可缺少的组成成分,也是日粮蛋白质、碳水化合物和脂肪有效利用的必需物。硒可使家禽体内的蛋氨酸转化为胱氨酸,蛋是硒含量的最好指示物,一般蛋鸡日粮硒的用量为 0.1～0.15 毫克/千克。添加高剂量的有机硒，可有效提高鸡蛋中硒的含量。

第一，据陈忠法等报道(2004)，选取 46 周龄的罗曼商品蛋鸡 600 只，随机分成 4 组，1 组为对照(基础日粮，按照常规添加 0.3 毫克/千克无机硒，来源于亚硒酸钠，不添加有机硒)，试验 2、3、4 组在基础日粮中分别再添加 0.2、0.4、0.6 毫克/千克有机硒(来源于赛乐硒)。试验期 35 天。试验结果表明 1 组、2 组、3 组和 4 组鸡蛋中硒的含量分别为(微克/克)0.114、0.167、0.304、0.463，后 3 组分别比对照组提高了 46.5%、166.7%和 294.7%，同时显著提高了蛋黄中维生素 E 的含量。

第二，饲料中添加有机碘和无机碘制剂，均可提高鸡蛋中碘的含量。碘制剂在全价饲料中的浓度在 72.5～145 毫克/千克时，既可以提高产蛋性能和饲料转化率，又可提高鸡蛋中的碘含量，对鸡的体重没有影响。如果碘浓度增加至 290 毫克/千克时，生产性能呈下降趋势。

第三，据笔者试验，在饲料中添加 3%～5%的海藻粉，可有效地提高鸡蛋中碘的含量。添加 5%的海藻粉蛋黄中碘的含量达到 33.12 微克/克，是对照组碘含量 4.05 微克/克的 8.2 倍，同时增加蛋黄颜色，降低鸡蛋黄中的胆固醇含量。

105. 如何改善柴鸡蛋风味?

风味是指食品特有的味道和风格。绿色的食品具有良好的风味不仅有助于人体健康，而且可提高食欲，对消费者是一种美的享受。

鸡蛋有其固有的风味，若在饲料或饮水中添加一定的物质(对鸡体和人类健康无害)，可以增加其风味，或改变其风味，使之成为特色鲜明、风味独特的食品。国内一些学者进行了大量的试验，现将他们的试验结果介绍如下。

第一，郭福存等利用沙棘果渣等组成的复方添加剂饲喂蛋鸡，能明显增加蛋黄颜色，且可以改善鸡蛋风味；

第二，李垚等在54周龄亚发商品代蛋鸡饲料中添加1%中草药添加剂（芝麻、蜂蜜、植物油、益母草、淫羊藿、熟地、神曲、板蓝根、紫苏）饲喂42天，可降低破蛋率，使蛋味变香，蛋黄色泽加深，延长产蛋期。

第三，赵丽娜等报道（2008），选取健康25周龄农大三号粉壳蛋鸡180只，按体重一致的原则随机分成5组。第1组为对照组，饲喂玉米-豆粕型基础日粮，其他几个处理组分别在基础日粮中添加10%亚麻籽＋1%鱼油（2组），10%亚麻籽＋5%去皮双低菜籽（3组），5%亚麻籽＋10%未去皮双低菜籽（4组），5%亚麻籽＋10%去皮双低菜籽（5组）。

试验结果表明：①2组的n-3多不饱和脂肪酸含量显著高于对照组和其他处理组，3组的n-3多不饱和脂肪酸富集量低于鱼油组，但显著高于对照组和其他两组。②2组鸡蛋中二十二碳六烯酸（人类必需的脂肪酸之一）含量明显高于其他几组，其他3个处理组间无显著性差异。③各处理组中添加的两种混合n-3多不饱和脂肪酸原料对蛋鸡生产性能无显著性影响。④感官评分结果表明：2组可使鸡蛋产生鱼腥味，降低鸡蛋的感官评分。⑤综合考虑蛋中n-3多不饱和脂肪酸富集量和人们对鸡蛋的可接受性，试验认为日粮中添加3组可用于高富集量n-3多不饱和脂肪酸鸡蛋的生产。

106. 如何提高柴鸡肉风味？

鸡肉的风味同样影响人们的食欲和消费欲望。在提高鸡肉风味方面通常是以中草药添加剂来实现的。方法如下。

第一，日本静冈县县立大学药学院和县中小家畜试验场及茶叶试验场，用秋冬茶下脚料粉末按3%添加到肉仔鸡饲料中，35天的试验结果表明，添加茶叶的试验组鸡肉较对照组的肉质嫩，味道鲜美。

第二，韦凤英等在日粮中添加与风味有关的天然中草药、香料

（党参、丁香、川芎、沙姜、辣椒、八角）以及合成调味剂、鲜味剂（主要含谷氨酸钠、肌苷酸、核苷酸、鸟苷酸等）等饲喂后期肉鸡，结果发现其鸡肉中氨基酸及肌苷酸含量明显提高，从而增进鸡肉风味。

第三，宁康健等取杜仲、黄芪、白术等中药，按等量比例配伍饲喂鸡，试验结果表明可提高鸡肉中粗蛋白质含量与鸡肉脂肪的沉积能力，从而提高鸡肉的营养价值和风味，改善肉品质。

第四，黄亚东等用生姜、大蒜、辣椒叶、艾叶、陈皮、茴香、花椒、桑叶、车前草、黄芪、甘草、神曲和葎草等13味中草药制成中草药饲料添加剂，并与益生菌添加剂结合配制成益生中草药合剂饲喂鸡，试验结果表明，鸡肉风味具有天然调味料的浓郁香味，口感良好，味道纯正，综合效益良好。

第五，郭晓秋在试验中添加0.4%女贞子水提物，结果显著改善了鸡肉的嫩度。

第六，陈国顺等试验选用1日龄黄羽肉鸡1 000只，随机分成5个处理组（对照组、抗生素组、0.3%中草药饲料添加剂组、0.4%中草药饲料添加剂组和0.3%中草药饲料添加剂＋干酵母组），研究中草药添加剂对肉鸡生产性能和肉质的影响，结果添加0.3%中草药添加剂的肉鸡鸡肉综合评分最高，其嫩度、口感、多汁性和汤味均处于最优水平。

第七，聂国兴用大蒜、辣椒、肉豆蔻、丁香和生姜等饲喂肉鸡，可以改善鸡肉品质，使鸡肉香味变浓。邵淑丽等将沙棘嫩枝叶添加到鸡日粮中，结果发现，沙棘嫩枝叶可提高鸡肉中氨基酸和蛋白质的含量，改善鸡肉品质，并能增强动物机体免疫能力。

第八，泰国农业专家经试验证明，在鸡的饲料中加入大蒜，可使鸡肉的香味变得更浓，且对鸡的生长不会产生任何不良影响。

第九，杨雪娇研究结果表明芦荟和蜂胶作为饲料添加剂，具有提高蛋白质的代谢率、胸肌率、腿肌率和降低腹脂率的作用，从而改善了鸡肉品质。

107. 柴鸡蛋蛋黄颜色如何评判?

(1)蛋黄颜色的评判标准 目前多以罗氏公司(Roche)制造的罗氏比色扇进行评判。该比色扇是按照黄颜色的深浅分成15个等级,分别由长条状面板表示,并由浅到深依次排列,一端固定,另一端游离,打开后好似我国传统的扇子,故而得名。

(2)测定方法 搜集鲜蛋,统一编号。然后打破蛋壳,倒出蛋清,留下蛋黄,使用罗氏比色扇在日光灯下测定蛋黄颜色指数。将比色扇打开,使鸡蛋黄位于扇叶之间,反复比较颜色的深浅,最后将最接近比色扇的颜色定位为该鸡蛋黄的色度。

(3)注意事项 为了防止由于不同测定者测定的误差,一般由3个人分别测定,取其平均数作为该鸡蛋蛋黄颜色的色度。蛋黄颜色指数读数准确到整数位,平均值保留小数点后1位。

国家规定,出口鸡蛋的蛋黄颜色不低于8。根据笔者研究,放养条件下的河北本地柴鸡生产的鸡蛋,一般蛋黄色度在10左右。

(4)熟鸡蛋测定法 有时候为了防止在鸡饲料中添加人工合成色素,可采取测定熟鸡蛋的方法。每批鸡蛋取30枚以上,煮沸10分钟,取出置于凉水中降温后连壳从中间纵向切开,由不同的测定者使用上述比色扇测定3次,取其平均数。

108. 怎样提高鸡蛋黄的颜色?

蛋黄黄色是由类胡萝卜素(叶黄素)的物质形成。该类物质在蛋鸡体内不能自己合成,只能从饲料中得到补充。蛋鸡通过从体外摄取类胡萝卜素后,将其贮存于体内脂肪,产蛋时再将贮于脂肪中的类胡萝卜素转移至输卵管以形成蛋黄。在饲料中补充富含类胡萝卜素的添加剂,则可实现增加蛋黄颜色和营养的目的。试验和生产实践表明,添加以下天然物质,对于提高蛋黄色泽具有显著效果。

①万寿菊　采集万寿菊花瓣，风干后研成细末，在鸡饲料中添加可使蛋黄呈深橙色，且可使肉鸡皮肤呈金黄色。

②橘皮粉　将橘皮晾干磨成粉，在鸡饲料中添加 2%～5%，可使蛋黄颜色加深，并可明显提高产蛋量。

③三叶草　将鲜三叶草切碎，在鸡饲料中添加 5%～10%，可节省部分饲料，蛋黄增色显著。

④海带或其他海藻　含有较高的类胡萝卜素和碘，粉碎后在鸡饲料中添加 2%～6%，蛋黄色泽可增加 2～3 个等级，且可产下高碘蛋。

⑤万年菊花瓣　在开花时采集花瓣，烘干后粉碎(通过 2 毫米筛孔)，按 0.3%的比例添加饲喂;松针叶粉：将松树嫩枝叶晾干粉碎成细颗粒，在鸡饲料中添加 3%～5%，不仅有良好的增色效果，并可提高产蛋率 13%左右。

⑥胡萝卜　取鲜胡萝卜，洗净捣烂，按 20%的添加量饲喂。

⑦栀子　将栀子研成粉，在鸡饲料中添加 0.5%～1%，可使蛋黄呈深黄色，提高产蛋率 6%～7%。

⑧苋菜　将苋菜切碎，在鸡饲料中添加 8%～10%，可使蛋黄呈橘黄色，且能节省饲料和提高产蛋量 8%～15%。

⑨南瓜：将老南瓜剁碎，在鸡饲料中掺入 10%，可增加蛋黄色泽。

⑩玉米花粉　取鲜玉米花粉晒干，按 0.5%的添加量饲喂。

⑪红辣椒粉　在鸡饲料中添加 0.3%～0.6%的红辣椒，可提高蛋黄、皮肤和皮下脂肪的色泽，并能增进食欲，提高产蛋量。

⑫聚合草　刈割风干后粉碎成粉，在鸡饲料中添加 5%，可使蛋黄的颜色从一级提高到六级，鸡皮肤及脂肪呈金黄色。

值得注意的是，以上添加的均为天然植物，多为中草药。生产中可根据当地资源酌情添加。但千万不可添加人工合成的色素类物质，过量添加，对人体有害。

109. 放养期如何补料?

补料是指野外放养条件下人工补充精饲料。生态放养鸡,仅仅靠野外自由觅食天然饲料是不能满足其生长发育需要的。无论是大雏鸡生长期,后备期,还是产蛋期,都必须补充饲料。但应根据鸡的日龄、生长发育、草地类型和天气情况来决定。

(1)补料时间 何时补料好?似乎意见比较统一:傍晚补料效果好。这是由于:①早晨和傍晚是鸡食欲最旺盛的时候。如果早晨补料,鸡采食后就不愿意到远处采食,影响全天的野外采食量。中午鸡的食欲最低,是休息的时间,应让其得到充分的休息。②傍晚鸡的食欲旺盛,可在较短的时间内将补充的饲料采食干净,防止撒落在地面的饲料被污染或浪费。③鸡在傍晚补料,可根据一天采食情况(看嗉囊的鼓胀程度和鸡的食欲)便于确定补料量。如果在其他时间补料,难以准确判断补料数量是否合理。④鸡在傍晚补料后便上栖架休息,经过1夜的静卧歇息,肠道对饲料的利用率高。⑤傍晚补料可配合信号的调教,诱导鸡回巢,减少窝外鸡。

(2)补料形态 饲料形态可大体分为粉料、粒料(原粮)和颗粒料。粒料即未经加工破碎的谷物,如玉米、小麦、高粱、谷子、稻子等;粉料即经过加工粉碎的(单一、配合的或混合)原粮;颗粒料是将配合的粉料经颗粒饲料机压制后形成的颗粒饲料。从鸡采食的习性来看,粒状是理想的饲料形态。

①粉料 优点是加工费用较低,经过配合后营养较全面,鸡采食的速度慢,所有的鸡都能均匀采食。其适于各种日龄的鸡。但其缺点更为突出。一是,鸡不喜欢粉状饲料,采食速度慢,不利于促进其消化液的分泌。尤其是放牧条件下,每天傍晚补料1次,如果在较长时间内不能将饲料吃完,日落后不方便采食。如果在傍晚前提前补料,将影响鸡在野外的采食;二是,粉料容易造成鸡的挑食,使鸡的营养不平衡;三是,投喂粉料必须增加料槽或垫布等

饲具。而有时候大面积野外养鸡,饲具难以解决;四是,野外投喂粉料容易被风吹飞扬散失,也容易采食不净而造成一定浪费。如果投喂粉料,细度应在1～2.5毫米。如果太细,鸡不容易下咽,适口性更差。

②粒料　容易饲喂,鸡喜欢采食,消化慢,故耐饥饿,适于傍晚投喂。其最大缺点是营养不完善,不宜单独饲喂。

③颗粒饲料　适口性好,鸡采食快,不易剩料和浪费,可避免挑食,保证了饲料的全价性。在制作颗粒饲料过程中,短期的高温使部分抗营养因子灭活,破坏了部分有毒成分,杀死了一些病原微生物,饲料比较卫生。但其也有一些缺点,如加工成本高,一部分营养(如维生素)受到一定程度的破坏等。但从总体来说,颗粒饲料的优点是主要的,尤其是对于肉用公鸡的后期育肥,效果更好。

(3) 日粮营养浓度　关于放养土鸡营养水平,没有统一标准。不同资料的推荐量也不相同,见表6-2至表6-6。

表6-2　台湾土鸡营养需要量

项　目	育雏期 0～4周龄		生长期 5～8周龄			9周龄至上市	
	B	A	A2	B	A	B	A
代谢能(兆焦/千克)	13.39	12.97	12.56	11.72	12.97	12.56	12.97
粗蛋白质(%)	23	22	19	17	20	17	18
钙(%)	0.79	0.85	0.79	0.75	0.70	0.75	0.80
有效磷(%)	0.46	0.40	0.32	0.30	0.40	0.20	0.25
含硫氨基酸(%)	0.94	0.91	0.72	0.66	0.72	0.56	0.55
赖氨酸(%)	1.08						
色氨酸(%)	0.21						

注:此表摘自徐阿里.土鸡的营养需要量、禽业科技.1997,13(7);A为台湾省畜产试验所的资料;B为台湾中兴大学的资料

表 6-3 台湾省畜牧学会(1993)建议的土鸡营养需要

项目	周龄		
	0～4	5～10	10～14
粗蛋白质(%)	20	18	16
代谢能(兆焦/千克)	12.55	12.55	12.55
赖氨酸(%)	1.0	0.9	0.85
蛋氨酸+胱氨酸(%)	0.84	0.74	0.68
色氨酸(%)	0.2	0.18	0.16
钙(%)	1.0	0.8	0.8
有效磷(%)	0.45	0.35	0.30

注:摘自王长康．优质鸡半放养技术．福建科学技术出版社,2003.

表 6-4 土鸡生长期的饲养标准

项目	0～6 周龄	6～14 周龄	14 周龄以上
代谢能(兆焦/千克)	11.93	11.92	11.72
粗蛋白质(%)	19.00	16.00	12.00
蛋白能量比(克/兆焦)	1.59	1.34	1.02
亚油酸(%)	1.00	1.00	0.80

注:摘自施泽荣．土鸡饲养与防病．中国林业出版社,2002.

表 6-5 肉用土鸡雏鸡的营养标准

项目	0～4 周龄	4 周龄以上
代谢能(兆焦/千克)	12.14	12.56
粗蛋白质(%)	21	19
蛋白能量比(克/兆焦)	1.73	1.51

注:摘自施泽荣．土鸡饲养与防病．中国林业出版社,2002.

结合前人的经验及有关资料,根据河北省柴鸡的放养特点和试验数据,我们制定了营养推荐量。经过几年的实践,效果较好。

表 6-6 柴鸡放养期营养推荐量

项目	育雏期 0～6 周龄	生长期 7～12 周龄	育成期 13～20 周龄
代谢能(兆焦/千克)	11.92	12.35	12.35
粗蛋白质(%)	18.0	15.0	12.0
钙(%)	0.9	0.7	0.7
有效磷(%)	0.42	0.38	0.38
赖氨酸(%)	1.05	0.71	0.56
蛋氨酸＋胱氨酸(%)	0.77	0.65	0.52
色氨酸(%)	1.67	1.40	1.12

(4)补料数量 育雏期采取自由采食的方法，与笼养鸡基本相同，仅仅是在饲料的配合上增加青饲料。放养期根据草地情况酌情掌握补料量。根据我们的实践，补料量应随着日龄和体重的变化逐渐增加。在一般草地的补料情况参考表 6-7。

表 6-7 柴鸡日补料量和体重参考表

周龄	补料量(克/只·日)	周末平均体重(克)
0～5	自由采食	228
6～7	20～25	410
8～11	30～35	675
12～16	40～45	1100
17～20	45～50	1500

110. 为什么说补料次数不宜过多？怎样补料更科学？

很多人问：鸡在放养期每天补充几次饲料好？是否次数越多

越好？为此，我们进行了大量的生产调查，并做了多次试验，结论如下。

补料次数越多，效果越差。有的鸡场每天补料 3 次，甚至更多，这样使鸡养成了等、靠、要的懒惰恶习，不到远处采食，每天在鸡舍周围，等主人喂料。我们观察发现，越是在鸡舍周围的鸡，尽管它获得的补充饲料数量较多，但生长发育最慢，疾病发生率也高。凡是不依赖喂食的鸡，生长反而更快，抗病力更强。

对此，我们做过简单的试验。在相似地块不同的鸡群(均为同批孵化的 80 日龄生长鸡)，补料次数分别为 1 次(下午 5 时左右)、2 次(中午和傍晚)和 3 次(早、中、晚各 1 次)。喂料数量每只每日分别为 27 克、30 克和 33 克。试验 1 个月后发现，无论是生长速度，还是成活率，喂料 3 次不如 2 次，2 次不如 1 次。因此，补充饲料的次数以每天 1 次为宜，特殊情况下(如下雨、刮风、冰雹等不良天气难以保证鸡在外面的采食量)，可临时增加补料次数。但一旦天气好转，立即恢复每天 1 次。

111. 产蛋期补料量如何确定？

柴鸡产蛋期精料补充量的多少，受很多因素的影响。主要是鸡种、产蛋阶段和产蛋率、草地状况和饲养密度。

(1)品种 土鸡的觅食力较强，觅食的范围较广，产蛋性能较低，一般补料量较少；而现代配套系蛋鸡在优越的环境下培育而成，习惯于笼内饲养，对野外生存环境的适应性较差，自我寻找食物的能力远不如本地柴(土)鸡。因此，饲料补充量应该多些。

(2)产蛋阶段和产蛋率 产蛋高峰期需要的营养多，饲料的补充量自然增多。非产蛋高峰期补充饲料量少些。生产中发现，同样的鸡种、同一产蛋日龄，但产蛋率差异很大。有的高峰期产蛋率 80%左右，而有的仅仅 40%左右。因此，对于不同的鸡群饲料的补充量不能千篇一律，应根据鸡群的具体情况而灵活掌握。

(3)草地状况和饲养密度 生态放养鸡主要依靠其自身在草地采食自然饲料,精料补充料仅是营养的补充。而采食自然饲料的多少,主要受到草地状况和饲养密度的影响。当草地的可食牧草很多,虫体很多,饲养密度较低,基本可以满足鸡的营养要求时,每天仅少量补充饲料即可。否则,饲养密度较大,草地可供采食的植物性饲料和虫体饲料较少,那么主要营养的提供需人工补料。在这种情况下,必须增加补料量。

在生产中,具体补充的饲料量可根据以下情况灵活掌握。

①*看蛋重增加趋势* 初产蛋很小,河北柴鸡一般只有35克左右,2个月后蛋增重达到42～44克,基本达到柴鸡蛋标准。开产后蛋重在不断增加,每千克鸡蛋平均23～24个,说明鸡营养适当。营养不足时鸡蛋的重量小,每个鸡蛋不足40克,这说明鸡养得不好,管理不当,营养不平衡,补料不足。

②*看蛋形* 柴鸡蛋蛋形圆满,大小端分明。若蛋大端偏小,大小两头没有明显差异,说明营养不良。这样的鸡蛋往往重量小,与补料不足有关。

③*看产蛋时间分布* 大多数鸡产蛋在中午以前,上午10时左右产蛋比较集中,12时之前产蛋占全天产蛋率的75%以上。如果产蛋率不集中,下午产蛋的较多,说明饲料补充不足。

④*看产蛋率上升趋势* 开产后产蛋上升很快,在2个多月、最迟3个月达到产蛋高峰期(柴鸡60%以上,现代鸡65%以上),说明营养和饲料补充得当。如果产蛋率上升较慢、波动较大,甚至出现下降,可能在饲料的补充和饲养管理上出现了问题。

⑤*看鸡体重变化* 开产时应在夜间抽测鸡的体重。产蛋一段时间后,如鸡体重不变或变化不大,说明管理恰当,补料适宜。如鸡体过肥,是能量饲料过多的表征,说明能量、蛋白质的比例不当,应当减少能量饲料比例。但是,根据笔者几年的观察,在草地放养条件下,除了停产以外,很少出现鸡体过肥现象。如鸡体重下降,说明

营养不足,应提高补料质量和增加补料数量,以保持良好的体况。

⑥看食欲　每天傍晚喂鸡时,鸡很快围聚争食,说明食欲旺盛,鸡对营养的需求量大,可以适当多喂些。若来得慢,不聚拢争食抢食,说明食欲差或已觅食吃饱,应少喂些。

⑦看行为　如果鸡群正常,没有发现相互啄食现象,说明饲料配合合理,营养补充满足。如果出现啄羽、啄肛等异常情况,说明饲料搭配不合理,必需氨基酸比例不合适,或饲料的补充不足。应查明原因,及时治疗。

为了探讨产蛋期河北柴鸡的适宜补料量,我们进行了有关试验。在人工草场(苜蓿地+果园)产蛋末期(478 日龄)的河北柴鸡中选择健康状况良好、产蛋正常的鸡 300 只,随机分为 3 组(Ⅰ组、Ⅱ组和Ⅲ组),每组 100 只。3 个组补饲饲料的营养水平一致(粗蛋白质 14.97%、粗脂肪 2.97%、粗纤维 3.57%、钙 2.39%、磷 0.61%、代谢能 11.3 兆焦/千克),补料量不同。其中Ⅰ组每只鸡每天 50 克,Ⅱ组每只日 70 克,Ⅲ组每只鸡每天 90 克。试验鸡进行围栏放养,每 667 平方米放养 40 只,草场类型一致。试验期 1 个月,对产蛋性能和鸡蛋品质进行了较系统研究,其结果如表 6-10 至表 6-12。

表 6-10　不同补饲量对放养蛋鸡产蛋性能的影响

组　别	产蛋率(%)	只日产蛋量(克)	只日耗料量(克)	料蛋比	软破异形蛋率(%)
Ⅰ组	30.092^{A}	12.678^{A}	50^{A}	3.944^{A}	0.613
Ⅱ组	43.654^{B}	18.189^{B}	70^{B}	3.848^{A}	0.546
Ⅲ组	44.607^{B}	18.913^{B}	90^{C}	4.759^{B}	0.560

注:同一列肩标大写字母不同表示差异极显著(P<0.01)。同列肩标相同小写字母差异不显著(P>0.05),下同

由上表可以看出,Ⅰ组的产蛋率最低,极显著低于Ⅱ组和Ⅲ组(P<0.01),Ⅱ组和Ⅲ组产蛋率相近(P>0.05)。只日产蛋量Ⅱ组

和Ⅲ组分别比Ⅰ组提高43.47%和49.18%，差异极显著（P<0.01），Ⅱ组和Ⅲ组差异不显著（P>0.05）。Ⅰ组和Ⅱ组在料蛋比上不存在显著差异（P>0.05），Ⅲ组的料蛋比分别比Ⅰ组和Ⅱ组提高20.66%和23.69%，差异达到极显著水平（P<0.01）。Ⅰ组、Ⅱ组和Ⅲ组在软破异形蛋率上不存在显著性差异（P>0.05）。

表6-11　不同补饲量对放养柴鸡鸡蛋品质的影响

组　别	蛋　重（克）	蛋形指数（%）	蛋黄颜色	蛋黄系数（%）	哈夫单位	蛋黄含水量（%）	蛋清含水量（%）
Ⅰ组	40.08 ±1.42a	73.24 ±6.30a	10.40 ±1.20a	38.67 ±1.86a	70.21 ±4.23a	46.65 ±1.24a	87.45 ±0.69a
Ⅱ组	41.06 ±0.87a	75.24 ±1.68a	11.87 ±0.94a	36.70 ±0.69a	72.35 ±1.58a	43.98 ±0.33a	86.32 ±1.02a
Ⅲ组	42.41 ±1.25a	74.34 ±0.92a	11.65 ±0.55a	38.21 ±1.41a	71.52 ±1.08a	45.36 ±1.34a	87.60 ±0.88a
Ⅰ组	35.20 ±0.84a	12.05 ±1.21a	15.43 ±0.90a	10.90 ±0.89a	12.71 ±1.07a	13.18 ±0.18a	
Ⅱ组	35.81 ±1.86a	11.64 ±1.05a	17.08 ±0.88a	11.13 ±0.43a	11.31 ±0.23a	13.17 ±0.27a	
Ⅲ组	35.52 ±0.67a	11.46 ±0.54a	16.62 ±0.49a	11.08 ±1.12a	12.55 ±1.33a	13.20 ±0.54a	

由表6-11可以看出，Ⅰ组、Ⅱ组和Ⅲ组在蛋黄相对重、蛋清中蛋白质含量、蛋黄中蛋白质含量、蛋黄中脂肪/鲜蛋重、蛋黄中胆固醇含量和蛋黄中磷脂质含量等没有显著性差异（P>0.05），即这3组的鸡蛋品质并没有明显区别。

表 6-12　不同补饲量对放养蛋鸡经济效益的影响

项　目	总产蛋重(克)	蛋价(元/千克)	鸡蛋收入(元)	耗料(千克)	料价(元/千克)	饲料支出(元)	毛利(元)
Ⅰ组	44372.403	10.40	461.472	175.00	1.7	297.5	163.972
Ⅱ组	63681.564	10.40	662.288	244.92	1.7	416.364	245.924
Ⅲ组	66197.000	10.40	688.448	315.00	1.7	535.5	152.948

由表 6-12 可知，Ⅰ组在饲喂 50 克/只・日的前提下，总产蛋重和鸡蛋收入均低于Ⅱ组和Ⅲ组，但饲料支出也最少；Ⅱ组在饲喂 70 克/只日的前提下，35 天的时间里取得的总收益是最高的；Ⅲ组虽然总产蛋重和鸡蛋收入均为最高，但饲料支出也最高，总收益是最低的。

综合以上各项指标，本试验表明，在草场状况较好的情况下，产蛋鸡每天每只精饲料的补充量以 70 克为宜。由于本试验是在产蛋后期进行，尽管每天 70 克的补料量获得较好效果，但总体产蛋水平较低(试验之前其产蛋率始终较低，在 30%左右徘徊)，如果鸡群状况较好和非产蛋末期，其效果会更好。

112. 生态放养柴鸡对光照有何要求？产蛋期如何控制光照？

柴鸡在野外放养，人们很容易忽视光照的控制。其实，正如蛋鸡笼养一样，光照对放养鸡是同等重要的。

柴鸡每日的光照时数和光照强度对其生产性能起决定性的作用，即对蛋鸡的性成熟、排卵和产蛋等均有影响。原因在于：一般认为禽类有两个光感受器，一个为视网膜感受器即眼睛；另一个位于下丘脑。光线的刺激经视神经叶的神经到达下丘脑；另外，光线也可以直接通过颅骨作用于松果体及下丘脑。下丘脑接受刺激后分泌促性腺素释放激素，这种激素通过垂体门脉系统到达垂体前叶,引起卵泡刺激素和排卵激素的分泌,促使卵泡的发育和排卵。发育的卵泡产生雌激素,促使母鸡输卵管发育和第二性征显现。排卵激素则引起母鸡的排卵。

以往小规模家庭蛋鸡散养,任其自然环境中生长,不另外补光,即自然光照,靠天收。这样,产蛋随季节而剧烈变化。一般为春季开产,夏季歇窝(抱窝),秋季换毛,冬季停产。因而,产蛋量很低。规模化蛋鸡生态放养,要改变传统的养殖模式,人工控制环境,以便获得较高的生产效果。

规模化生态放养柴鸡光照控制应做好以下工作:

①熟悉当地自然光照情况　我国大部分地区自然光照情况是冬至到夏至期间日照时间由短逐渐变长,称为渐长期。从夏至到冬至期间由长逐渐缩短,称为渐短期。应从当地气象部门获取当地每日光照时间资料,以便制定每日的光照计划。

②光照原则　在生产实践中,日自然光照时间不足需人工光照补足。光照时间的基本原则是育成期光照时间不能延长,产蛋期光照时间不能缩短。一般产蛋高峰期光照时间控制在 16 小时即可。再增加光照时间的意义不大。

③补光方法　一般多采夜间补光,配合补料和光照诱虫一举多得。也可以采取两头补光,即早晨和傍晚 2 次将光照时间达到设计程序规定时数。对于产蛋高峰期的鸡多采取这种方法。即 1 次补充饲料不能满足产蛋高峰期需要的情况下,2 次补料。即早晨补充全天的 1/3 或 2/5,傍晚补充全天的 2/3 或 3/5,同时补光。

④注意的问题　人工补充光照,应尽量使光照基本稳定,促使产蛋性能相应提高。增加光照时间不要突然增加,应逐渐完成。补光程序一经固定下来,就不要轻易改变。

针对产蛋鸡的光照要求,可参考种鸡的光照程序(表 6-13,表 6-14)。

表 6-13 北纬 30°～39°地区建议光照程序

出雏月份＼周龄	1～13	14	16	18	20	22	24	26	28	30～68
1月	自然光照至22周					16小时				
2月	自然光照至18周			16小时						
3月	自然光照至18周			15小时		16小时				
4月	自然光照至18周			15小时		16小时				
5月	自然光照至14周		14小时	15小时		16小时				
6月	自然光照至14周		14小时	15小时		16小时				
7月	自然光照	12小时		13小时	14小时	15小时	16小时			
8月	自然光照	12小时		13小时	14小时	15小时	16小时			
9月	自然光照	12小时		13小时	14小时	15小时	16小时			
10月	自然光照至30周									16小时
11月	自然光照至28周								16小时	
12月	自然光照至26周							16小时		

图 6-14 北纬 40°～45°地区建议光照程序

出雏月份＼周龄	1～13	14	16	18	20	22	24	26	28	30～68
1月	自然光照		16小时							
2月	自然光照		16小时							
3月	自然光照		15小时		16小时					
4月	自然光照		15小时		16小时					
5月	自然光照		15小时		16小时					
6月	自然光照	13小时		14小时	15小时			16小时		
7月	自然光照	12小时		13小时	14小时	15小时		16小时		
7月	自然光照	12小时		13小时	14小时	15小时		16小时		
9月	自然光照	12小时		13小时	14小时	15小时		16小时		
10月	自然光照		12小时	13小时	14小时	15小时	16小时			
11月	自然光照									16小时
12月	自然光照							16小时		

程序举例:3月份出雏的小鸡,在我国中部北纬30°～39°地区饲养。可按照表中3月份出雏的程序表中执行。即自然光照到17周末,然后每天光照至15个小时到21周末;22周开始,每天光照时间为16小时,直至淘汰。

113. 高产和低产鸡的外部表现有区别吗?

鸡群中产蛋性能和健康状况有很大差别,特别是一些地方的柴鸡,缺乏系统选育,无论是体型外貌,还是生产性能,相差悬殊。如果将低产鸡、停产鸡、僵鸡以及软脚、有病的鸡及早淘汰,将高产健康的鸡选留后继续饲养,不仅生产性能进一步提高,而且可以消耗较少的饲料,承受更小的风险,获得更大的效益。

(1)产蛋高低的鉴别 淘汰低产鸡首要的问题是怎样鉴别高产和低产或停产鸡、健康与患病鸡。我国养鸡工作者在生产实践中积累了丰富的经验。即根据表型与生产性能的相关性,鉴别高产与低产、优与劣。

第一,产蛋鸡眼睛明亮有神,鸡冠、肉髯大而红润、富弹力,用手触之有温暖的感觉,开产后鸡冠倒向一侧(现代培育品种)。低产鸡一般眼神迟钝,鸡冠小而萎缩,苍白无光泽,以手触之有凉的感觉。

第二,产蛋鸡的肛门宽大,湿润、扩张;停产鸡的肛门干燥而收小,无弹性。

第三,高产鸡腹部容积大,触摸皮肤细致柔软有弹性,两耻骨末端柔软有弹性;低产鸡或停产鸡腹部容积小,触摸皮肤粗糙发硬无弹性,两耻骨末端坚硬。

第四,产蛋鸡耻骨之间分开有伸缩性,可放入3个手指;停产鸡耻骨固定紧贴,难以放入2个手指。

第五,产蛋鸡羽毛蓬松稀疏,比较粗糙、干燥;不产蛋鸡羽毛光滑,覆盖较严密,富有光泽、丰满。高产鸡换羽晚但换羽速度快,而低产鸡换羽早但换羽速度慢。

第六，高产的现代白色鸡种开产以后皮肤的黄色素从肛门、眼睑、耳朵、喙、脚（从脚前到脚后）、膝关节依次褪色，低产鸡或停产鸡褪色较慢或仍为黄色。停产约 3 周的鸡喙呈黄色，停产约 10 天的鸡喙的基部是黄色。

第七，种鸡在产蛋配种季节看不到背部有与公鸡交配时踩踏的痕迹，而外表又很肥胖的多为低产鸡或停产鸡。

第八，低产鸡活动异常灵活、快捷而不易捕捉；而高产鸡却较温驯，活动不多，易捕捉。

第九，产蛋鸡出窝早，归窝晚，采食勤奋；不产蛋鸡相反，饮食位置不固定，常来回走动，随意性较大。

第十，每天早晨看粪便，粪便干成细条状的为低产鸡（不产蛋鸡消化慢，消化道变形）。粪便松软成堆、量多的为高产鸡。

第十一，常趴窝不下蛋，也不抱窝，用手探摸，腹部无蛋，尤其是下午 4 时以后仍在蛋箱中，不愿采食的鸡为寡产鸡或停产鸡。

第十二，卵巢退化，功能紊乱，出现性变异而雄性化、同时啼鸣者为低产鸡或停产鸡。

(2)低产、停产鸡形成的原因

第一，因种蛋品质或其他原因形成的弱雏，在育雏、育成期未能跟上其他鸡，体重小、瘦弱、卵巢和输卵管发育不充分。

第二，育成期群体太大，管理不细，强弱未分群，使部分鸡生长发育受阻。

第三，在自然光照长的季节培育后备鸡，往往使鸡性成熟过早，提前开产，引起产蛋疲劳和早衰。

第四，部分鸡因卵黄性腹膜炎、马立克氏病、传染性支气管炎、血液原虫病及其他寄生虫病等的侵害，造成停产或低产。

第五，因难产脱肛或被其他鸡啄肛，失去正常产蛋能力。

114. 产蛋高峰期饲养管理应注意什么?

放养条件下,鸡获得的营养较笼养少,而消耗的营养较笼养鸡多。加之管理不如笼养那样精细,因此,其产蛋率较笼养鸡低(一般低 15%或以上)。在饲养管理不当的情况下,很可能没有明显的产蛋高峰(放养河北柴鸡产蛋高峰应达到 60%以上)。为了达到较高而稳定的产蛋率,出现长而明显的产蛋高峰,应注意以下几个问题:

(1)保证营养水平 对于放养鸡而言,其活动量很大,消耗的热能多,因此,饲料的补充能量占据非常重要的位置,应该是首位的;此外,还应满足蛋白质,特别是必需氨基酸、钙、磷、维生素 A、维生素 D、维生素 E 的需要。

(2)增加补料量 试验表明,不同的饲料补充量,鸡的产蛋率不同。随着补料量的增加,产蛋性能逐渐提高。根据笔者研究,在一般草场放养,产蛋高峰期,日精饲料补充量每只鸡以 70～90 克为宜。

(3)保持环境稳定、安静 产蛋高峰期最忌讳应激,特别是惊吓,如陌生人的进入、野生动物的侵入、剧烈的爆炸声和其他噪声等而造成的惊群。

(4)保持清洁卫生 产蛋高峰期也是蛋鸡最脆弱的时期,容易感染疾病或受到其他应激因素的影响而发病,或处于亚临床状态,影响生产潜力的挖掘。因此,应搞好鸡舍卫生、饮水卫生、饲料卫生和场地卫生,消除疾病的隐患。

(5)严防啄癖 产蛋高峰期,由于光照、环境或营养不足,可能出现个别鸡互啄(啄肛、啄羽等)现象。如果发现不及时,被啄的鸡很快被啄死。因此,应认真观察,及时隔离被啄鸡,并予以治疗。如果发生啄癖的鸡比例较高,应查明原因,尽快纠正。

115. 怎样淘汰低产鸡?

(1)淘汰低产鸡的时间 一般来说,发现低产鸡可及时淘汰。但对于规模化鸡场而言,集中淘汰可安排2~3次:

第一次淘汰时间可安排在产蛋高峰初期(即28周龄左右),此时可将一些因生理缺陷或发育差未开产的鸡进行淘汰,特别是在青年鸡阶段一些鸡因患某些疾病(如支气管炎),其生殖器官严重受损而发育不良,其终生将不能产蛋。

第二次淘汰时间可安排在产蛋高峰过后(43周左右)。高产鸡经过产蛋高峰之后产蛋率逐渐下降,但其产蛋曲线并非陡降,而是稳中有降。而低产鸡产蛋率下降严重,也有一些鸡已经停产。

第三次淘汰可在第二个产蛋年,即产蛋1周年左右进行,为72~73周龄。此期结合人工强制换羽,将没有饲养价值的鸡淘汰,选留部分优良鸡经过强制换羽后,继续饲养一段时间,挖掘其遗传潜力。

(2)淘汰方法 准确选择低产鸡是淘汰的关键。很多有经验的农民采用费工但非常有效的手段。夜间手持手电筒,连续3天触摸鸡的子宫,凡是子宫内有蛋的鸡在其腿部系1个布条。经过3天的检测,凡是有2~3个布条的鸡全部保留,没有布条的鸡全部淘汰,只有1个布条的酌情处理。这种方法尽管笨了些,但是非常可靠。

淘汰作业必须在夜间进行,一般由两个人同时操作。其中一个人熟悉淘汰技术,另一人持手电筒并捉鸡。鸡一看到灯光就会抬起头来,通过观察其鸡冠、羽毛、触摸其耻骨等,或根据腿部标记的布条,将被淘汰的鸡轻轻捕捉,放在专用鸡笼内,集中运走。

(3)注意事项 淘汰鸡的工作一定细致,操作动作轻,小心谨慎,防止惊群。在淘汰鸡的前2天和后2天,在饮水中添加抗应激剂(一般用电解多维),以降低淘汰过程对鸡群的影响。一般来说,淘汰鸡后的1～2天，鸡群的产蛋率略有下降，但很快恢复，并且产蛋率有个新的高峰（淘汰低产鸡和停产鸡的缘故）。

116. 柴鸡为什么抱窝？如何催醒？

抱性，即就巢性，俗称抱窝，属禽类繁殖后代的一种正常生理现象。就巢性的强弱与品种类型有直接关系。一般来说，我国本地鸡的就巢率很高，如河北省的柴鸡和乌鸡的就巢率高达60%以上，严重影响鸡群体的产蛋水平。

就巢的发生与鸡体内激素变化有关，即下丘脑5-羟色胺活性增强，脑垂体催乳素分泌增加的结果。

一般来说，母鸡就巢与季节和气温有关。也就是说，有利于鸡孵化，即繁衍后代的气候条件，就容易发生抱窝现象。多发生在春末夏初。同时，环境因素也会诱发就巢性。幽暗环境和产蛋窝内的鸡蛋不取，可诱发母鸡就巢性。一旦1只鸡出现抱窝，其声音和行为对其他鸡有诱导作用。

我国科技工作者和养鸡生产者，在长期的试验和实践中，探索了很多治疗鸡抱窝的方法，积累了丰富的经验，下面列举一些，供生产中参考。

①**丙酸睾丸素法**　每只鸡肌内注射丙酸睾丸素5～10毫克，用药后2～3天就醒抱，1～2周后即可恢复产蛋。丙酸睾丸素可抑制和中和催乳素，使体内激素趋于平衡而醒抱。

②**异烟肼法**　按就巢母鸡每千克体重0.08克异烟肼口服，一般一次投药可醒抱55%左右；对没有醒抱的母鸡次日按每千克体重0.05克再投药1次。第二次投药后醒抱可达到90%，剩下的返巢母鸡第三天再投药1次，药量也为每千克体重0.05克，可完全消除返巢现象。异烟肼醒抱就巢母鸡，实际上是利用了大剂量异烟肼所产生的中枢兴奋作用。其作用机制是异烟肼可与鸡体内的维生素B_6结合，造成维生素B_6缺乏，导致谷氨酸生成γ-氨基丁

酸受阻，使中枢抑制性递质 γ-氨基丁酸减少，产生中枢兴奋作用。当出现异烟肼急性中毒时，可内服大剂量维生素 B_6 以解毒，并配合其他对症治疗。

③**三合激素法** 三合激素（即丙酸睾丸素、黄体酮和苯甲酸雌二醇的油溶液），对抱窝母鸡进行处理，按 1 毫升/只肌内注射，一般 1～2 天即可醒抱。

④**水浸法** 将抱窝母鸡用竹笼装好或用竹栏围好，放入冷水中，以水浸过脚高度。如此 2～3 天，母鸡便可醒抱。其原理在于鸡在水中加速降温和增加环境应激，抑制催乳素的分泌。

⑤**悬挂法** 将抱窝母鸡放入笼中，悬吊在树上，并使鸡笼不断地左右摇摆，很快促使其醒抱。

⑥**易地法** 将抱窝母鸡放入另一鸡群中，改变生活环境。由于环境陌生，并受到其他鸡追逐，可促使母鸡醒抱。

⑦**电感应刺激法** 以 12 伏低电压刺激抱窝母鸡，即将电极一端放入鸡口腔内，另一端接触鸡冠叉。触电前在鸡冠上涂些盐水，然后通电 10 秒，间歇 10 秒后，再通电 10 秒。经数次刺激后母鸡便可醒抱，并一般在醒抱后 7～10 天便可恢复产蛋。

⑧**解热镇痛法** 服用安乃近或复方阿司匹林，取 0.5 克安乃近或 0.42 克复方阿司匹林，每鸡 1 片喂服，同时喂给3～5 毫升水，10 小时内不醒抱者再增喂 1 次，一般 15 天后即可恢复产蛋。

⑨**硫酸铜法** 每只鸡注射 20％硫酸铜水溶液 1 毫升，促使其脑垂体前叶分泌激素，增强卵巢活动而离巢。

⑩**针刺法** 用缝衣针在其冠点穴，脚底深刺 2 厘米，一般轻抱鸡 3 天后可下窝觅食，很快恢复产蛋，若第三天仍没有醒抱按上法继续进行 3 次就可见效。

⑪**酒醉法** 每只抱窝鸡灌服 40°～50°白酒 3 汤匙，促其醉眠，醒酒后即可醒抱。

⑫**灌醋法** 趁早晨空腹时喂抱窝鸡 1 汤匙醋，到晚上再喂 1

次，连续3～4天即可。

⑬清凉解热法　早、晚各喂人丹13粒左右，连用3～5天。

⑭盐酸麻黄素法　每只抱窝鸡每次服用0.025克盐酸麻黄素片，兴奋其中枢神经，若效果不明显，第三天再喂1次，效果很好。

⑮剪毛法　把抱窝鸡大腿、腹部、颈部、背部的长羽毛剪掉，翅膀及尾部羽毛不剪。这样，鸡很快停止抱性，且对鸡的行动没有影响，1周内可恢复产蛋。

⑯复合药物法　将冰片5克、己烯雌酚2毫克、咖啡因1.8克、大黄苏打片10克、氨基比林2克、麻黄素0.05克，共研细末，加面粉5克、白酒适量，搓成20粒丸，每日每只喂服1粒，连喂3～5天。

⑰感冒胶囊法　发现抱窝母鸡，立即分早、晚2次口服速效感冒胶囊，每次1粒，连服2天便可醒抱。醒抱后的母鸡5～7天就可产蛋。

⑱磷酸氯喹片法　每日1次，每次0.5片(每片0.25克)，连服2日，催醒效果在95%以上。用1～2粒盐酸喹宁丸有同样效果。

⑲清凉降温法　用清凉油在母鸡脸上擦抹，注意不要抹入眼内；热天还可以将鸡用冷水喷淋或直接浸浴3～4次(每日)，以降低体温，促其醒抱。

117. 鸡为什么会在窝外产蛋？怎样减少窝外蛋？

生产中发现，一些鸡不去人们给它准备的产蛋窝产蛋，偏偏将蛋产在窝外，这是怎么回事？要搞清这个问题并降低窝外蛋的发生，需要注意以下几个问题：

(1)根据产蛋习性，创造适宜条件

①喜暗性　鸡喜欢在光线较暗的地方产蛋，产蛋箱应背光放置或遮暗，产蛋箱要避开光源直射。

②色敏性　禽类的视觉较发达,能迅速识别目标,但对颜色的区别能力较差,只对红、黄、绿光敏感。尽管不同的研究结果不同,普遍认为母鸡喜欢在深黄色或绿色的产蛋箱内产蛋,如果产蛋箱颜色能与此一致,则效果较好。

③定巢性　鸡的第一枚蛋产在什么地方,以后仍到此产蛋,如果这个地方被别的鸡占用,宁可在巢门口等候而不愿进入旁边的空巢,在等不及时往往几只鸡同时挤在一个产蛋箱内,这样就发生等窝、争窝现象,相互争斗和踩破鸡蛋,斗败的鸡就另寻去处或将蛋产在箱外。另外,等待时间过长会抑制排卵、推迟下次排卵而减少产蛋量。

④隐蔽性　鸡喜欢到安静、隐蔽的地方产蛋,这样有安全感,产蛋也较顺利。因此,产蛋箱设置要有一定的高度和深度,鸡进入其中隐蔽性较好,能免受其他鸡的骚扰,饲养员在操作中要轻、稳,以免弄出突然的响声惊吓正在产蛋的鸡,而产生双黄蛋等异常现象。

⑤探究性　母鸡在产第一枚蛋之前,往往表现出不安,寻找合适的产蛋地点。在临产前爱在蛋箱前来回走动,伸颈凝视箱内。认好窝后,轻踏脚步试探入箱,卧下左右扒开垫料成窝形。离窝回顾,发出产蛋后特有的鸣叫声。因此,种鸡蛋箱的踏步高度应不超过 40 厘米。

(2)解决好垫料问题　垫料对鸡的产蛋行为和蛋的外在质量有重大影响。包括垫料的颜色、垫料卫生和垫料厚度等。

①垫料颜色　研究表明,垫料颜色影响鸡的窝外蛋。产蛋鸡对垫料的颜色有选择性。国外的有关科学家进行了较细致的研究。他们的调查表明,鸡对褐色的垫料比橘黄色、白色和黑色的同样垫料更喜欢。于是他们以褐色垫料为标准对照组,以绿色、灰色和黑色为对照,试验设计中采用交错排列,保证了所有的产蛋箱位置有均等的代表性。在整个 40 周的产蛋过程中,对每个产蛋箱中母鸡的产蛋数做为期 11 周的记录。至 49 周时将产蛋箱垫料的颜

色排列顺序颠倒过来，记录停止 2 天后继续进行，在记录 1 周后(50 周)，每隔 4 周记录 1 次每个产蛋箱中的产蛋总数。

研究结果表明，与标准褐色垫料相比，仅灰色垫料明显地受母鸡偏爱，在 49 周和 50 周之间进行垫料位置变换的前后，这种优势都明显存在。

在此试验的基础上，他们又专门比较了褐色和灰色两种垫料，以便比较各自窝外蛋的百分率。正如所预料到的，开产时在灰色垫料产蛋箱中下蛋的母鸡产较少的窝外蛋，而用于对照的褐色垫料组表现出较高的窝外蛋百分率。另外，奇怪的是，在灰色垫料产蛋箱中产蛋的母鸡产蛋总数增加(窝内蛋与窝外蛋总和)，并且表现出较好的饲料转化率(整个 40 周)。分析认为，这种增加可能有两个原因，一种是由于窝外蛋的减少，将所有的鸡蛋全部搜集，没有遗漏损失；还有一种可能是母鸡找到了更适宜自己的产蛋环境而产较多的蛋。

②垫料卫生和垫料厚度　鸡产出的蛋首先接触的便是产蛋窝内的垫料，因而要保证产蛋箱内垫料干燥、清洁、无鸡粪。由于刚产出的蛋表面比较湿润，蛋自身湿度与舍温温差较大，表面细菌极易侵入，因此必须及时清除窝内垫料中的异物、粪便或潮湿的垫料，经常更换新的经消毒过的疏松垫料。垫料的厚度大约为产蛋窝深度的 1/3，带鸡消毒时对产蛋箱一并喷雾消毒。防止舍内垫料潮湿和饮水器具的跑冒漏现象，降低舍内湿度。

(3)合理设置产蛋箱　产蛋箱的多少、位置、高度等，对鸡的产蛋行为和鸡蛋的外在质量有较大影响。

①产蛋箱数量　产蛋箱数量少，容易造成争窝现象，久而久之使争斗的弱者离开而到窝外寻找产蛋处。因此，配备足够数量的产蛋窝很有必要。由于本地鸡或放养鸡的产蛋率较低，产蛋时间较分散，可每 5 只母鸡配备 1 个产蛋窝。

②产蛋箱摆放　产蛋箱分布要均匀，放置应与鸡舍纵向垂直，

即产蛋箱的开口面向鸡舍中央。蛋箱应尽可能置于避光幽暗的地方。要遮盖好蛋箱的前上部和后上部。开产前将产蛋箱放在地面上,鸡很容易熟悉和适应产蛋环境,而且避免了部分母鸡在产蛋箱下较暗的地方做窝产蛋。产蛋高峰期再将蛋箱逐渐提高,此时鸡已经形成了就巢产蛋习惯,便不产地面蛋了。

③*产蛋箱结实度* 产蛋是鸡繁衍后代的行为,它喜欢在最安全的地方产蛋。如果产蛋箱不稳固,将影响其在窝内产蛋。应使产蛋箱具有吸引力,使它认为是产蛋最可靠的地方。产蛋箱应维护良好,底板结实,安置稳定,母鸡进、出产蛋箱时不应摇晃或活动。进、出产蛋箱的板条应有足够的强度,能同时承受几只鸡的重量。

④*产蛋箱的诱导使用* 训练母鸡使用产蛋箱是放养蛋鸡的一项基础性工作。为了诱导母鸡进入产蛋箱,可在里面提前放入鸡蛋或鸡蛋样物——引蛋(如空壳鸡蛋、乒乓球等)。鸡进入产蛋期后,饲养人员应经常在棚架区域内走动。早晨是母鸡寻找产蛋地点的关键时期,饲养员在舍内走动时密切关注母鸡的就巢情况。较暗的墙边、角落、台阶边、棚架边、钟形饮水器下方和产蛋箱下方比较容易吸引母鸡去就巢。饲养员应小心地将在这些地点筑窝的母鸡放到产蛋箱内,最好关闭产蛋箱,使其熟悉和适应这个产蛋环境,不再到其他地点筑窝。如果母鸡继续在其他地点筑窝,必要时可以用铁丝网隔开。通过几次干预,母鸡就会寻找比较安静的产蛋箱内产蛋。发现地面或其他非产蛋箱处有蛋,应及时捡起。

(4)注意捡蛋和蛋的处理 能否及时捡蛋对蛋的污染程度和破碎率的影响很大,最好是刚产下时即捡走,但生产中捡蛋不可能如此频繁,这就要求捡蛋时间、次数要制度化。大多数鸡在上午产蛋,第一次和第二次的捡蛋时间要调节好,尽量减少蛋在窝内的停留时间。一般要求日捡蛋3～4次,捡蛋前用0.1%的新洁尔灭溶液洗手消毒,持经消毒的清洁蛋盘捡蛋。捡蛋时要净污分开,单独存放处理。在最后1次收集蛋后要将窝内鸡只抱出。

捡蛋时应将那些表面有垫料、鸡粪、血污的蛋和地面蛋单独放置。在鸡舍内完成第一次选蛋，将砂壳蛋、钢皮蛋、皱纹蛋、畸形蛋，以及过大、过小、过扁、过圆、双黄和碎蛋剔出。

118. 脏蛋是怎样产生的？怎样处理脏蛋？

柴鸡生态放养，鸡蛋的内在品质优于笼养，我们在几年的试验中进行了多次比较研究，同时也被众多的试验所验证。但是，不可否认的是，如果管理不善，处理不当，放养鸡所产鸡蛋的外在品质存在很多问题，特别是蛋壳较脏，被严重污染，极大地影响鸡蛋的视觉效果和保存期，间接影响内在品质。

根据我们调查，脏蛋是由于鸡蛋表面沾污了鸡粪、垫料和泥土等。其主要原因：一是鸡舍卫生不良；二是饮水外溢，环境潮湿，通风不良；三是产蛋窝不科学，窝外蛋较多；四是垫料较少，污浊；要减少脏蛋，应该从卫生、干燥、垫草和产蛋窝入手。

有的人发现鸡蛋表面有污物，用湿毛巾擦洗。这样做似乎鸡蛋干净了，其实破坏了鸡蛋的表面保护膜，使鸡蛋更难以保存。这是鸡蛋处理最忌讳的事情，千万注意！对有一定污染的鸡蛋，可先用细纱布将污物轻轻拭去，并对污染处用0.1%百毒杀消毒处理。对于表面污染严重的鸡蛋，要及时拣出，不可作为优质鸡蛋出售。

119. 如何检验放养鸡蛋的新鲜度？

检验鸡蛋的新鲜度，可通过以下几种方法检验。

(1)感官鉴别 用眼睛观察蛋的外观形状、色泽、清洁程度。新鲜鸡蛋，蛋壳干净、无光泽，壳上有一层白霜，色泽鲜明。陈旧蛋，蛋壳表面的粉霜脱落，壳色油亮，呈乌灰色或暗黑色，有油样浸出，可有较多的霉斑。

(2)手摸鉴别 把蛋放在手掌心上翻转。新鲜蛋蛋壳粗糙，重量适当；陈旧蛋，手掂重量轻，手摸有光滑感。

(3)耳听鉴别 新鲜蛋相互碰击声音清脆，手握蛋摇动无声。陈旧蛋蛋与蛋相互碰击发出嘎嘎声（孵化蛋）、空空声（水花蛋），手握蛋摇动时有晃荡声。

(4)鼻嗅鉴别 用嘴向蛋壳上轻轻哈一口热气，然后用鼻子嗅其气味。新鲜蛋有轻微的生石灰味。

(5)照蛋鉴别 用专门的照蛋器，或用一箱子，上面挖一个小洞，箱子里放一盏灯泡，将需要检验的鸡蛋放在小洞上，通过从下射出的灯光观察鸡蛋内的结构和轮廓。

新鲜鸡蛋一般里面是实的，没有气室形成。而陈旧鸡蛋气室已经形成。放得时间越长，气室越大。新鲜的鸡蛋呈微红色、半透明、蛋黄轮廓清晰。而陈旧的鸡蛋发污，较浑浊，蛋黄轮廓模糊。

120. 农田、果园草场放养柴鸡有什么好处？

农田和果园养鸡好处多，概括起来有以下几点：

(1)消灭害虫，增强鸡体健康 作物和果树在生长期间有不少害虫，而鸡群在农田和果园内活动可捕捉这些害虫。一般来说，害虫是以蛹的形式在地下越冬，而羽化后变成成虫，从地面飞到树上。在其刚刚羽化还不具备坚强的飞翔能力时，即可被鸡采食。

据原阳县林业局时留成报道，1 月左右的小鸡，每天可捕食大量的金龟子、蝼蛄、天牛等害虫，1 只 1 年生以上的成鸡，每天可捕食各类大小害虫近 2 800 条。按每 667 平方米 10 只鸡的数量在果园放养，便可控制果园虫害。同时，减少果园喷打农药，使果品少受化学药物污染，提高果品质量。另据调查，由于在果园中放养的鸡，捕食肉类害虫，蛋白质、脂肪供应充分，所以生长迅速，较常规农家庭院养殖生长速度快 33%，日产蛋量多 18%，而且节约饲料成本 60%以上。昆虫不仅仅含有高质量的动物蛋白，同时其体内含有抗菌肽，鸡采食后增强抗病能力。实践表明，凡是采食较多昆虫的鸡，其体质健壮，发病率低，生长发育速度快，生产性能高。

据赵国明、杨世俭报道，在果园放养了100只鸡，在试养中发现，鸡具有刨土习性，特别是本地的老品种鸡效果更好。它们在果园中吃虫卵，也吃幼虫，还具有追逐捕食成虫的习性，同时对有些怕惊的害虫成虫具有驱逐作用。他们在养鸡的果园调查发现，每株树上有金龟子3.1头、桃小食心虫2.5头、星毛虫2.1头；而未养鸡的果园同期调查，每株树上有桃小食心虫83.6头、金龟子75.1头、梨星毛虫101.8头，虫口密度远远高于养鸡果园数倍。同时，对虫果率进行调查，养鸡果园虫果率为3.66%，而未养鸡的几个果园虫果率分别为21%、30.5%和46%，都明显高于养鸡的果园。

(2)减少农药使用，有利于无公害生产 由于鸡采食大量的害虫，结合人工诱虫，使虫害发生率大幅度降低。因此，凡是养鸡的果园和农田，虫害均较轻，农药的喷施量和喷施次数减少，水果和粮食、棉花内农药残留降低，对于提高品质、增加销售价格和人体健康均有好处。

(3)鸡食野草，鸡粪肥田 鸡群在农田和果园里活动，除了捕捉一定的害虫以外，主要采食果田内的杂草，起到了除草剂的作用。而其排出的粪便直接肥田，为果树和作物的生长提供了优质的有机肥料。

(4)天然隔离，降低疾病传播 农田和果园是天然的屏障，对于降低疾病的传播和发生起到重要作用。农田或果园内空气新鲜，环境优越，加之捕捉采食昆虫的协助抗病作用，因而在这样的环境下养鸡，疾病的发生率很少。

(5)遮荫避暑，避雨阻鹰 果园内庞大的树冠，农作物的茎叶也形成了较大太阳接受面，在炎热季节起到遮荫避暑作用，风雨天可遮风挡雨。尤其是老鹰在郁闭的农田和果园内难以发现目标，有助于鸡躲避鹰的袭击。因此，发生鹰害的可能性较其他草地要少得多。

121. 果园放养柴鸡应注意什么?

尽管果园养鸡有很多优点,但是,在一些问题上处理不好,会影响放养鸡的生长,甚至造成严重后果。主要注意以下几个问题:

(1)分区轮牧 视果园大小将果园围成若干个小区,进行逐区轮流放牧。这样做,一方面可避免因果园防治病虫害时喷洒农药而造成鸡的农药间接中毒;另一方面,轮流放牧有利于牧草的生长和恢复。此外,因放牧范围小,便于气候突变时的管理。

根据以往的经验,只要果园内养鸡,虫害发生率很低,适量的低毒农药喷洒,对鸡群不进行隔离,一般不会发生问题。但为了安全,将果园划分几个小区,小区间用尼龙网隔开。每个小区轮流喷药,而鸡也在小区间轮流放牧,喷药 7 天后再放牧。

(2)捕虫与诱虫结合 果园养鸡,由于果树树冠较高,影响了对害虫的自然捕捉率。要起到灭虫降低虫害发生率和农药施用量,达到生态种养的目的,应将鸡自然捕虫和灯光诱虫相结合。

(3)慎用除草剂 鸡在果园内的主要营养来源是地下的嫩草。因此,在果园内养鸡,其草必须保留,不能喷施除草剂。否则,没有草生长,鸡将失去绝大多数营养来源。

(4)注意鸡群规模和放养密度 果园内可食营养是有限的,鸡群规模大、密度大,造成过牧现象,使鸡舍周围的土地寸草不长,光秃一片,甚至地面被鸡刨出一个个深坑。鸡舍在果园均匀分布,合理规模,是充分利用果园进行生态养殖不可忽视的技术问题。

122. 可否举出果园放养柴鸡成功的实例?

为了探讨果园养鸡的效果,我们分别在梨园和枣园进行了试验研究。

第一部分在梨园进行,选择立地条件、树的品种(水晶梨)和树龄(9 年)相同的两个地块,均为 2.1 公顷。试验地块放养柴鸡

2 000 只雏鸡,常规管理,小鸡生长到 1.25 千克以后陆续出售。梨园常规管理。包括浇水和施肥。其区别是试验组药物使用减少 1/3;第二部分在枣园进行,选择树的品种(沧州小枣)立地条件和树龄相同(14 年)的两个地块,均为 2.3 公顷。试验组放养柴鸡 2 000 只,其管理同上。两个组不同之处是试验组少追肥 1 次,减少喷药次数 50%,其他管理完全一样。其结果见表 6-15 至表 6-17。

表 6-15　果园养鸡试验设计

项　目	组　别	养　鸡	基　肥	追　肥	叶　肥	农　药
梨　园	试验组	√	√	√	√	少 1/3
	对照组	—	√	√	√	√
枣　园	试验组	√	√	1 次	√	少 1/2
	对照组	—	√	2 次	√	√

分别在 4 月下旬至 5 月下旬选择本地土鸡——河北柴鸡,育雏 5～7 周后转入果园。育雏按程序饲养和免疫,包括温度、湿度、密度、通风和光照的控制等,饲喂商品饲料,自由饮水,自由采食,日喂 5～6 次。在每次喂料时用吹口哨的方式给予信号调教,以便形成条件反射和便于放养期的管理。育雏结束后在果园内放养,并设简易棚舍,每个棚舍 300～400 只。在放养过程中,每天在傍晚补料 1 次,根据采食情况确定投饲量。一般每天每只控制在 35 克以内,以自由采食野草和果园昆虫为主。小鸡体重达到 1.25 千克以后陆续出售。

无论是梨园还是枣园,均按照常规管理。梨园对照组一个生产季节共计喷洒各种农药 24 次,试验组 16 次,比对照组减少1/3;枣园对照组一个生产季节共计喷施各种农药 18 次,追肥 2 次。对照组喷药 9 次,减少喷药次数 50%,追肥减少 1 次。

试验期间记录养鸡和果园的生产情况,包括鸡伤亡、各项支出和收入,果园内农药的喷施和施肥情况等。果品收获后,梨每组随机抽取200个称重,计算平均单果重。并进行梨质量的评定,凡虫果和被虫损伤过的、形状不端正的梨均计入不合格果;小枣每组随机抽取500个称重,计算平均单果重。进行枣质量的评定。凡是虫果和僵果均列入不合格果。

表6-16 果园生产与经济效益统计表

项目	组别	面积(公顷)	管理(次)		果产量和质量(千克,克,%)				667米² 纯收入(元)
			喷药	追肥	单产	总产	单果重	好果率	
梨园	试验	2.1	16	2	2430	77760	204	85	2887
	对照	2.1	24	2	2360	75520	191	79	2510
枣园	试验	2.3	9	1	1016	35560	6.0	90.5	914.4
	对照	2.3	18	2	1005	35175	5.8	87.3	854.3

注:梨和枣的收入按照当时当地实际销售价格计算

梨园试验组好果率达到85%,较对照组提高6个百分点;单果重量较对照增加13克,提高6.81%,每667平方米果增加收入377元;枣园试验组好果率达到90.5%,较对照组增加3.2个百分点,尤其是虫果率和僵果率降低,单果重量较对照增加0.2克,提高了3.44%,每667平方米枣增收60.1元。

试验中发现,鸡在果园放养过程中,其食物选择的优先序列首先是昆虫,其次为草的嫩尖、嫩叶,在密度适当的情况下,对果实没有破坏。尽管试验组的用药次数大大减少,但由于鸡捕捉了大量的成虫和幼虫,两个试验组果园,没有发现明显的虫害。

表6-17 养鸡生产与经济效益统计表

组别	面积(667米²)	养鸡效果					
		育雏数量(只)	出栏量(只)	总投入(只)	产出(只)	纯收入(只)	每667米² 收入(只)
梨园	32	2000	1710	7600	27838	20238	632.44
枣园	35	2000	1758	7946	27910	19964	570.34

梨园和枣园养鸡的出栏率分别达到了85.5%和87.9%，均作为肉仔鸡销售，价格随行就市，梨园鸡平均销售价格每只16.28元，枣园鸡出栏每只平均销售15.88元。二者每667平方米养鸡纯增收分别为632.44元和570.34元。

总效益情况：将养鸡和果树二者收入合计，梨园试验组每667平方米纯收入3 519.44元，较对照组增加收入1 009.44元，提高收入40.22%；枣园试验组每667平方米纯增收1 484.74元，较对照组每667平方米增收630.34元，提高收入73.80%。

123. 棉田放养柴鸡应注意什么？

在棉田放养柴鸡应该注意以下几个问题：

(1)放养时间 棉花生长的季节性很强，一般是春季播种。而柴鸡多为春天育雏，播种与育雏同步。但什么时间在田间放牧合适，应根据棉花生长情况而定。根据生产经验，一般待棉株长到30厘米左右时放牧较好。如果放牧较早，棉株较低，小鸡可能啄食棉心，对棉花的生长有一定的影响。

(2)地膜处理 为了提高棉花产量和质量，提前播种和预防草害，目前多数棉田实行地膜覆盖。棉株从地膜的破洞处长出，地膜下面生长一些小草和小虫，小鸡往往从地膜的破洞处钻进，越钻越深，有时不能自行返回而被闷死。因此，在铺地膜的棉田，应格外注意。放养后可用工具将地膜全部划破，以避免意外伤亡。

(3)不良天气时的应急措施 棉田与果园不同，果树有一定的避雨作用。而棉花的这种功能很差。如果遇有大雨，小鸡被雨淋，容易感冒和诱发其他疾病。如果地势低洼，地面积水，可造成批量小鸡被淹死。为了防止以上现象的发生，需要注意：①选择的棉田应有便利的排水条件，防止棉田积水。②鸡舍要建筑在较高的地方，防止鸡舍被淹。③加强调教，及时收听当地天气预报，遇有不良天气，及时将鸡圈回。④大雨过后，及时寻找没有及时返回的小鸡,并将其放在温暖的地方,使羽毛尽快干燥。

(4)农药喷施与安全 根据试验观察,只要放养鸡,棉田虫害可得到有效控制。不使用农药或少量喷药即可。由于目前只允许喷施高效低毒或无毒农药,即便喷施农药,对鸡的影响也不大。但为确保安全,在喷施农药期,采取分区轮牧,7天后在喷施农药的小区可放养。

(5)围网设置 大面积棉田养鸡,可不设置任何围网。但小地块棉田养鸡,周围种植的作物不同,使用农药的情况不能控制。为了防止小鸡到周围地块采食而受到农药等伤害,应考虑在放牧地块周围设置尼龙网,使鸡仅在特定的区域采食。

(6)棉花收获后的管理 秋后棉花收获,地表被暴露,此时蚂蚱等昆虫更容易被捕捉。可利用这短暂的时间放牧。但是,由于没有棉花的遮蔽作用,此时很容易被天空飞翔的老鹰等发现。因此,应跟踪放牧,防止老鹰的偷袭。短暂的放牧之后,气温逐渐降低,如果饲养的是育肥鸡,应尽早出售。若饲养的是商品蛋鸡或种鸡,应逐渐增加饲料的补充。

(7)兽害的预防 棉花收获后主要预防老鹰,在放养的初期主要预防老鼠和蛇,中期和后期主要预防黄鼠狼。应按照上面介绍的方法进行防控。

(8)除草剂和中耕问题 由于鸡在棉田放牧,以采食野草为主。因此,棉田不应施用除草剂。但在日常棉田的管理中,可适当中耕,但必须保留一定密度野草的生长。

(9)放养密度 实践表明,棉田养鸡适宜的密度为每公顷放养450～600只为宜,一般不应超过750只/公顷。这样的密度既可有效控制虫害的发生,又可充分利用棉田的杂草等营养资源,还不至于造成过牧现象,仅少量补料即可满足鸡的营养需要。

(10)诱虫与补饲 我们在试验中发现,在棉田利用高压电弧灭虫灯,可将周围的昆虫吸引过来,每天傍晚开灯3～4小时,可减少饲料补充30%左右，既实现了生态灭虫，又使鸡获得丰富的动物饲料。平时补料数量应根据棉田野草的生长情况和灯光诱虫的情况确定。为了使鸡早日出栏，在快速生长阶段适当增加饲料的补充量在经济上是合算的。

124. 林地放养柴鸡应注意什么？

林地放养柴鸡应注意以下问题。

(1)分区轮牧，全进全出 林地养鸡，特别是郁闭性较好的林地，树冠大，树下光线弱，长此以往形成潮湿的地面，鸡的粪便自净作用弱。为了有效地利用林地，也给林地一个充分自净的时间，平时要分区轮牧，全进全出。上一批鸡出栏后，根据林地的具体情况，留有较长一段时间的空白期。

(2)重视兽害 树林养鸡，尤其是山场树林养鸡，尽管老鹰的伤害在一定程度上可以降低，但是野生动物较其他地方多，特别是狐狸、黄鼠狼、獾、老鼠等，对鸡的伤害严重。除了一般的防范措施以外，可考虑饲养和驯养猎犬护鸡。

(3)谢绝参观 林地养鸡，环境幽静，对鸡的应激因素少，疾病传播的可能性也少。但应严格限制非生产人员的进入。一旦将病原菌带入林地，其根除病原菌的难度较其他地方要大得多。

(4)林下种草 为了给鸡提供丰富的营养，在林下植被不佳的地方，应考虑人工种植牧草。如林下草的质量较差，可考虑更新牧草。

(5)注意饲养密度和小群规模 根据林下饲草资源情况，合理安排饲养密度和小群规模。考虑林地的长期循环利用，饲养密度不可太大，以防止林地草场的退化。

(6)重视体内寄生虫病的预防 长期在林地饲养，鸡群多有体内寄生虫病，应定期驱虫。

125. 可否举出林地放养鸡成功的实例?

林地放养鸡的实例较多,列举如下。

例一,据姚迎波等(2005)报道,嘉祥县造林绿化面积1.33万平方千米。为了充分利用林间空地,提高单位面积的收益,他们开展了土鸡养殖(肉用),取得了满意的效果,创造了可喜的经济效益,闯出了一条以林养牧,以牧促林,林牧结合的致富路子。

他们选择销路较好的本地土鸡,在林间隙地建造大棚,育雏1个月,然后在林间放牧。以采食林地丰富的自然饲料为主,配合灯光诱虫。尽管在林间放养的鸡比棚内饲养的鸡生长周期长一些,但放养的鸡毛色鲜亮,肉质鲜美,无药物残留,纯属绿色食品,市场价格比棚内饲养的肉鸡每千克高3元以上,市场销售旺盛,前景看好。

例二,据施顺昌等(2005)报道,江苏省苏州吴中区各级党委、政府凭借当地丰富的山林资源和区位经济,大力发展林果茶园和山坡地饲养生态草鸡,实施产业化建设,培育和壮大了一批龙头企业。

自2003年3月开始,苏州光福茶场尝试茶园养鸡。10公顷茶园里1年出栏6万只生态草鸡,饲养效果良好,每只鸡获利8.2元。通过茶园生态养鸡,以鸡治虫,以鸡除草,鸡粪还田沤茶树,农药、化肥成本由以前的每公顷2 850元降至现在的1 050元,生产成本(不含人工)降低74%。苏州光福茶场饲养成功后,吴中区水产畜牧局及时总结经验,召开现场会,加以推广。

他们采取"公司+基地+农户"的模式,充分发挥企业的经济、科技、人才优势,带动周边农民养鸡。目前,农民养鸡,已辐射到周边的8个乡镇,共有105户农户养鸡,饲养量达60万只。他们凭借优良的饲养环境、绿色的产品质量,创造名牌产品,建立销售网络,使该产业蓬勃发展。

例三，据刘皆惠(2004)报道，贵州省织金县地处黔西高原向黔中丘陵的过渡地带，山地、丘陵地占总面积大，农业生产条件差，自然灾害频繁，粮食产量不高。根据当地具体情况，政府实行退耕还林还草工程，既保护了长江中下游的生态建设，又给农民创造了长远的经济来源。但如何解决退得下、稳得住、能致富，是摆在各级干部面前的一大课题。他们根据养鸡投资少、见效快的特点，发展林地肉鸡放养。2002年全县部分乡镇发展林下草地养鸡20多万只，为养鸡户创收90多万元，使400农户、1600人脱贫致富，人均增收500元以上。经过1年多的实践，林下养鸡取得成功，并探索出一条坡上种树、树下种草、草地养鸡的成功之路，很好地解决了农民的增收问题，为农业和农村经济结构调整找到了一条有效路子。

126. 草场放养柴鸡应注意什么？

草场养鸡除了与其他地方放养鸡应注意的问题相同以外，还应特别注意以下几点。

(1)注意昼夜温差 草原昼夜温差大，在放牧的初期，鸡月龄较小的时候，以及春季和晚秋，一定要注意夜间鸡舍内温度的变化。防止温度骤然下降导致鸡群患感冒和其他呼吸道疾病。必要的时候应增加增温设施。

(2)严防兽害 与其他饲养环境相比，草场的兽害最为严重。尤其鹰类、黄鼠狼、狐狸、老鼠，以及南方草场的蛇害。应有针对性地采取措施。

(3)建造遮荫防雨棚舍 与其他饲养环境相比，草场的遮荫状况不好。没有高大的树木，特别是退化的草场，在炎热的夏季会使鸡暴露在阳光下，雨天没有可躲避的地方。应根据具体情况增设简易棚舍。

(4)秋季早晨晚放牧 秋季晚上气温低，早晨草叶表面带有露水,对鸡的健康不利。因此,遇有这种情况应适当晚放牧。

(5)轮牧和刈割 养鸡实践中发现,鸡喜欢采食幼嫩的草芽和叶片,不喜欢粗硬老化的牧草。因此,在草场养鸡时,应将放牧和刈割相结合。将草场划分不同的小区,轮流放牧和轮流刈割,使鸡经常可采食到愿意采食的幼嫩牧草。

(6)严防鸡产窝外蛋 草场辽阔,鸡活动的半径大,适于营巢的地方多。应严防鸡在外面营巢产蛋和孵化。

127. 可否举出草场放养鸡成功的实例?

草场放养鸡成功的实例在我国南北都有,下面列举几个。

例一,2003年以来,我们在河北省黄骅县绿海滩鸡场的人工苜蓿草地放养本地柴鸡。优良的生产和生态环境,优质的牧草资源和丰富的营养,使鸡生长状况良好。在放牧季节,每天补充少量的饲料即可满足生长和产蛋的需要。产蛋期每天补充精饲料70克左右,平时产蛋率达到50%以上,产蛋高峰期达到66%以上。蛋黄颜色达到9～11个罗氏单位,深受消费者喜爱,因此,产品供不应求。产生良好的经济效益和生态效益。

例二,据魏书兰(1995)报道,辽宁省喀左县十二德堡乡烂泥塘子村的天然草场和人工草场,多次发生不同程度的蝗虫为害,蝗虫不仅啃食破坏牧草,影响牧草产量和草地有效利用年限,而且威胁着周围大面积农田作物。自1985年草地放牧养鸡以来,有200公顷草地蝗害被控制住了。据调查,一般年景,不牧鸡的天然草场平均每667平方米产干草25千克,人工草场平均每667平方米产干草200千克,平均每平方米生存小型蝗虫6～8头;经牧鸡的草地,蝗虫存留数下降为每平方米1～2头,天然草场每667平方米产干草可增加到30千克,增产20%,人工草地每667平方米产干草250千克,增加50千克,提高25%。

例三,据陆元彪等(1995)报道:海北州地处青藏高原,自然条件严酷，草原蝗虫为害十分严重，给草地畜牧业生产造成了很大损失。年发生面积 67 333 公顷，成灾面积 43 333 公顷，年损失牧草 65 450 吨，相当于 5.77 万只羊全年的采食量，直接经济损失达 288 万元。他们在省、州有关部门的支持和帮助下，进行了高寒草场牧鸡治蝗技术开发试验。试验从 1992 年 6 月 28 日开始至 8 月 1 日结束，历时 1 个多月。通过试验，证明在高寒草场牧鸡治蝗是成功的，达到了预定的目标。

灭蝗效果：

第一，根据野外测定，平均灭治率为 90%，其中最高 97%，最低 82%，基本达到防治要求。

第二，根据野外定点观测，每只鸡每天可捕食 2～3 龄蝗虫 1 600～1 800 头，解剖捕食 6 小时蝗虫的鸡，嗉囊中平均有 2～3 龄蝗虫 300～400 头。

第三，试验地蝗虫平均密度 56 头/平方米，灭治率 90%，每只鸡每天可治蝗 34 平方米。

第四，灭治期间平均鸡群规模 430 只，灭治时间按 20 天计算，每天防治 1.47 公顷，试验期间共防治 29.3 公顷。

第五，实际支出 2 484 元，其中购鸡 1 547 元，购鸡用配合饲料 365 元，购骨粉 40 元，鸡笼折旧 132 元，药品 50 元，人工工资 350 元。试验结束后出售鸡收入 2 000 元，收支相抵，实际支出 484 元。灭治成本：实际支出（484 元）÷灭治面积（29.3 公顷）＝15 033.58 元/公顷。按照当时药物灭蝗实际费用约 2 元/667 平方米，牧鸡治蝗与常规药物相比，每 667 平方米可节省费用 0.9 元，治蝗成本下降 45%，经济效益明显。

128. 山场放养柴鸡应注意什么？

山场养鸡应注意以下问题。

(1)山场的选择　山场生态养鸡必须突出“生态”二字。山场生态养鸡的提出是基于山场养羊对山场的破坏，通过养鸡使农民科学地靠山吃山，找到既开发利用山场，又保护山场的途径。实践中发现，并非所有的山场都适合发展养鸡。例如，坡度较大的山场、植被退化、可食牧草含量较少的山场、植被稀疏的山场等均不适于养鸡。因为在这样的环境下，鸡不能获得足够的营养而依靠人工补料，同时为寻找食物而对山场造成破坏。植被状况良好、可食牧草丰富、坡度较小的山场，特别是经过人工改造的山场果园和山地草场最适合养鸡。

(2)饲养规模和饲养密度 根据我们的观察，山场养鸡，鸡的活动半径较平原农区小，因此饲养的规模和饲养密度必须严格控制。为了获得较好的经济和生态效益，山场养鸡的饲养密度应控制在300只/公顷左右，一般不超过450只/公顷。一个群体的数量应控制在500只以内。调查发现，100～300只的规模效果最好。因此，可在一个山场增设若干个小区，实行小群体、大规模。

(3)补料问题 山场养鸡不可出现过牧现象，以保护山场生态。因此，其饲料的补充必须根据鸡每天采食情况而定。如果补料不足，鸡很可能用爪刨食，使山场遭到破坏。

(4)兽害预防 山区野生动物较平原更多，饲养过程中要严加防范。

(5)组织问题 山区交通、信息、人们的文化和科技素质、经营理念等，都与农区和城市有一定差距。因此，山场养鸡应有效的组织。通过群众性的养鸡协会，解决一家一户难以解决的鸡苗、饲料、疫苗、药品的供应，特别是产品的销路，使之真正成为一个产业。

129. 可否举出山场放养柴鸡成功的实例？

近10年来我们探讨山场规模化生态放养鸡，取得了初步成果。同时，全国各地均有相关的研究和实践，现列举几个，供参考。

例一,1999年我们提出了"山场蛋鸡规模化生态养殖"设想后,得到河北省易县县委、县政府及业务部门的大力支持,广大山区农民的积极响应。2000年该县生态养鸡数量已经超过30万只,2001年后年饲养量达到60万~80万只,产生良好的经济效益、生态效益和社会效益。例如,普通鸡蛋一般价格每千克在4元左右,而山场生产的鸡蛋每千克在11~16元,育肥的小肉鸡和淘汰的老母鸡每千克售价也在12元左右,在节日期间更高。农户饲养本地柴鸡(产蛋)每只年盈利20~30元,每只小公鸡盈利也在10元左右。由于养鸡数量的增加,带动了相关产业的发展。目前专门经营柴鸡产品的企业6家,一些企业经营的鸡蛋注册了商标。他们已与北京、天津、石家庄、保定等附近一些大中城市签订了供销协议,形势看好。该技术已在河北省的保定、承德、石家庄、邢台、邯郸等市的山区县逐渐推广。

例二,据刘庆才(2001)报道:吉林省通化市蚕种场位于罗通山脉脚下,职工朱运1999年6月5日~10月20日利用天然草场和果树下放牧养鸡,45日龄鸡上山,经过4个多月的野外自然饲养,上山鸡只380只,出栏345只,成活率达90.8%,平均体重2.25千克,按照当时市场价格8~9元/千克,只均纯收入14.5元。

例三,据袁毓峰等(2005)报道:祁连山高寒牧区的肃南县韭菜沟乡和雪泉乡,均为纯牧业乡,平均海拔为2600米左右,属半湿润山地草原气候,年降水量在250~350毫米之间,无霜期为90~120天,年平均气温在2℃~4℃,草原类型属草甸草场和草原草场。他们开展了在山地草场放养岭南黄鸡试验。试验安排500只规模的4群和1000只规模的3群,分别投入给7户牧民放养。分为舍饲育雏期(20~30日龄)和放养育肥期(31~80日龄)两个阶段。

30日龄前常规平面育雏。从30日龄起开始脱温转入放养育肥期,循序善诱训练仔鸡到草场上自由采食青草、蝗虫等,放牧半径逐日由小到大,待鸡群适应后可采用满天星放牧,每次放牧收鸡归舍时给鸡群一个固定的哨音信号，同时根据鸡嗉囊的充满度适当补饲配合饲料（商品肉鸡专用配合饲料），形成一个条件反射，便于归舍管理。夜间舍内温度控制在24℃～26℃，遇到阴雨天全天舍饲。

试验结束时（80日龄），鸡平均体重1835.7克，调入5 000只，出栏4 840只，总成活率96.8%。出栏时只均售价14元，只均投入9.58元，只均纯收入4.42元，效益显著。

例四，据赵安锁（2005）报道：甘肃省成县县委、县政府根据肉鸡市场需求变化趋势，在充分考察论证的基础上，提出了发挥本县林草资源优势，开展土鸡养殖，增加山区农民收入的设想，把土鸡养殖确定为增加农民收入的六项措施之一。先后5批引进广西大发青脚麻雏鸡3.8万只，经过统一育雏20天集中脱温育雏，程序化免疫后，投放到6个示范点、93户农户饲养。采取山场林间牧养加补饲的饲养方式，即白天放牧，早、晚各补饲1次，饲料以小麦、玉米原粮为主，不添加任何生长激素。第一批投放的5 000只青脚麻土鸡115日龄体重达2.1千克，每只饲养成本12元（鸡苗5元、饲料5元、防疫1元、其他1元），按当地市场最低售价14元/千克计，毛收入29.4元/只，毛利润可达17.4元/只，首批5 000只土鸡可获毛利润8.7万元。

130. 春季放养柴鸡如何管理？

春季是养鸡的黄金季节，不仅是孵化和育雏最繁忙的时候，也是蛋鸡产蛋率最高的时候，种蛋质量最佳的时候。同时，春季也存在一些不利因素，应注意一些技术环节。

（1）防气温突变　春季气温渐渐上升，但是其上升的方式为螺旋式。升中有降，变化无常。时刻注意气候的变化，防止突然变化造成对生产性能的影响和诱发疾病。

（2）保证营养　春天是蛋鸡产蛋上升较快的时段，同时早春又是缺青季节。如何保证产蛋率的快速上升,而又保证其鸡蛋品质符合柴鸡蛋标准,应在保证饲料补充量、饲料质量的前提下,补充一定青绿饲料。如果此时青草不能满足,可补充一定的青菜。对于种鸡,饲料中应补充一定的维生素和微量元素,以保证种蛋质量,提高产蛋率和孵化率。

(3)放牧时间的确定 春季培育的雏鸡放牧时间,北京以南地区一般应在4月中旬以后,此时气温较高而相对稳定;但对于成年鸡而言,温度不是主要问题,而草地牧草的生长是放牧的限制因素。如果放牧过早,草还没有充分生长便被采食,草芽被鸡迅速一扫而光,造成草场的退化,牧草以后难以生长。因此,春季放牧的时间应根据当地气温、雨水和牧草的生长情况而定,不可过早。

(4)疾病预防 春季温度升高,阳光明媚,万物复苏。既是养鸡的最好季节,也是病原微生物复苏和繁衍的时机。鸡在这个季节最容易发生传染性疾病。因此,疫苗注射、药物预防和环境消毒各项措施都应引起高度重视。

131. 夏季如何保障放养柴鸡高产?

家养动物,最难度过的季节是夏季。如果管理不慎,会严重降低生产性能,甚至给健康造成威胁。保证夏季鸡的高产稳产,应该注意以下问题。

(1)注意防暑 鸡无汗腺,体内产生的热主要依靠呼吸散失,因而鸡对高温的适应能力很差。所以,防暑是夏季管理的关键环节。尤其是在没有高大植被遮荫的草场,应在放牧地设置遮荫棚,为鸡提供防晒遮荫乘凉的躲避处。

(2)保证饮水 尽管放养鸡一年四季都应保证饮水,但夏季供水更为重要。供水不仅是提高生产性能的需要,更是防暑降温、保持机体代谢平衡和机体健康的需要。必要时,在饮水中加入一定的补液盐等抗热应激制剂。

(3)鸡群整顿 夏季一些鸡开始抱窝，有些鸡出现停产。应及时进行清理整顿。对饲养价值不大的鸡可做淘汰处理，以减少饲料费用，降低饲养密度。

(4)饲喂和饲料 夏季天气炎热，鸡的采食量减少，在饲喂和饲料方面适当地调整。利用早晨和傍晚天气凉爽时，强化补料，以便保证有足够的营养摄入。一些人认为夏季应降低营养水平，其结果不仅采食饲料的总量降低，获得的营养更少，不能满足生产的需要。可采取提高营养浓度和制作颗粒饲料的措施，使鸡在较短的时间内补充较多的营养，以保证有较高的生产性能。

(5)搞好卫生 夏季蚊虫和微生物活动猖獗，粪便和饲料容易发酵，雨水偏多，环境容易污染。应注意饲料卫生、饮水卫生和环境卫生，控制蚊蝇孳生，定期驱除体内寄生虫，保证鸡体健康。

(6)及时捡蛋 夏季由于环境控制难度大，鸡蛋的蛋壳更容易受到污染。特别是窝外蛋，稍不留意便遭受雨水浸泡而难以保证质量。因此，应及时发现窝外蛋，及时收集窝内蛋，妥善保管或处理。

132. 秋季放养柴鸡管理有何特点？

应根据秋季的气候、鸡群和环境资源特点，有针对性地加强管理。

(1)加强饲养和营养 秋季是鸡换毛的季节。老鸡产蛋达1年，身体衰竭加上换毛，在生理上变化很大。所以，不能因为换毛停产而放松饲养管理。有的高产鸡边换毛边产蛋。况且鸡的旧毛脱落换新羽，仍需要大量的营养物质。因此，饲料中应增加精料和微量营养的比例，以保证鸡换掉旧羽和生新羽的热能消耗，及早恢复产蛋；当年雏鸡到秋季已转为成年鸡，开始产蛋，但其体格还小，尚未发育完全。因此，也要供应足够的饲料，让其吃饱喝足，并增加精饲料比例，以满足其继续发育和产蛋的需要。保持一定的膘度，为翌年产蛋期打下良好的基础。

(2)调整鸡群 正如上面所言，秋季是成年母鸡停产换羽，新蛋鸡陆续开产的季节。此时应调整鸡群的，淘汰老弱母鸡，调整新老鸡群。老弱母鸡淘汰的方法是：将淘汰的母鸡挑选出来，分圈饲养，增加光照，每天保持16小时以上，多喂高热量饲料等促使母鸡增膘，及时上市。当新蛋鸡开始产蛋时，则应老、新分开饲养，鸡也逐渐由产前饲养过渡到产蛋鸡饲养管理。

(3)控制蚊虫，预防鸡痘 鸡痘是鸡的一种高度接触性传染病，在秋冬季最容易流行，秋季发生皮肤型鸡痘较多，冬季白喉型最常见。

预防鸡痘可用鸡痘疫苗接种。将疫苗稀释50倍，用消毒的钢笔尖或大号缝衣针蘸取疫苗，刺在鸡翅膀内侧皮下，每只鸡刺一下即可。接种1周左右，可见到刺种处皮肤上产生绿豆大的小痘，后逐渐干燥结痂而脱落。如刺种部位不发生反应则必须重新刺种疫苗。

治疗鸡痘可采用对症疗法。皮肤型鸡痘，可用镊子剥离，伤口涂擦紫药水。鸡眼睛上长的痘，往往有痒感，鸡有时在体上摩擦，有时用鸡爪弹蹬。可将痘划破，把里边的干酪样物质挤出，涂上肤轻松。

(4)预防其他疾病 秋季对蛋鸡危害较大的疾病除了鸡痘以外，还有鸡新城疫、禽霍乱和寄生虫病。因此，必须接种疫苗和驱虫，迎接产蛋高峰期到来。一般情况下，在实行强制换羽前1周接种新城疫Ⅰ系苗：盐酸左旋咪唑，在每千克饲料或饮水中加入药物20克，让鸡自由采食或饮用，连喂3～5天；驱蛔灵，每千克体重用驱蛔灵0.2～0.25克，拌在料内或直接投喂均可；虫克星，每次每50千克体重用2%虫克星粉剂5克，内服、灌服或均匀拌入饲料中饲喂；复方敌菌净，按0.02%混入饲料拌匀，连用3～5天。氨丙啉，按0.025%混入饲料或饮水中，连用3～5天。给鸡驱虫期间，要及时清除鸡粪，同时对鸡舍、用具等彻底消毒。

(5)人工补光 秋后日照时间渐短，与产蛋鸡要求的每天16

小时的光照时间的差距越来越大,应针对当地光照时数合理补充光照,以保证成年产蛋鸡的产蛋稳定,促进新开产鸡尽快达到产蛋高峰。

(6)防天气突变 深秋气温低而不稳,有时秋雨连绵,给放养鸡的饲养和疾病防治带来诸多困难。应有针对性地提前预防。

133. 冬季怎样提高柴鸡的产蛋率及鸡蛋品质?

生产中发现,很多鸡场冬季饲养的柴鸡不产蛋。更多的鸡场生产的鸡蛋品质差,尤其是蛋黄颜色浅,出售困难。冬季怎样才能提高产蛋率和鸡蛋品质呢?根据我们多年的实践,提出如下技术措施。

(1)舍养保温 冬季草地没有什么可采食的东西,如果继续舍外放养,能量的散失会更严重,很多鸡由于能量的负平衡而停止产蛋。因此,应采取舍内圈养或笼养的方式,并加强鸡舍保温,可实现冬季较高的产蛋率。生产中,我们采取鸡舍阳面搭建塑料棚的方法,不仅增加了运动场地,而且通过塑料暖棚,增加光照和增温。

(2)增强营养供应 冬季天气寒冷,鸡体散热多。因此,饲料的配合不仅要增加能量饲料的比例,饲料的补充量也应有所增加。没有足够的营养供应,不会有高的产蛋性能和经济效益。一些鸡场仍然按照放养期进行补料,造成严重的营养负平衡,产蛋率急剧下降,甚至停产。

(3)重视补青补粗 柴鸡蛋品质优于普通的笼养鸡蛋,主要指标在于蛋黄色泽、胆固醇和磷脂含量。但是,冬季失去了放牧条件,如果不采取有力措施,其鸡蛋品质难以保证。经过我们多年的试验和实践,冬季适当补充青绿多汁饲料,可弥补圈养的不足。根据我们的试验,饲料中要强化维生素添加剂,并添加5%～7%的苜蓿草粉,有助于鸡蛋品质的提高,达到柴鸡蛋的标准(表6-21)。

表 6-21　不同苜蓿粉含量对鸡蛋品质及生产性能的影响

期　别	项　目	Ⅰ(对照)	Ⅱ(3%苜蓿)	Ⅲ(5%苜蓿)	Ⅳ(7%苜蓿)
试验前期(鸡蛋品质)	蛋重(克)	50.42	52.26	59.27	55.18
	蛋黄胆固醇(克/100克)	1.42	1.44	1.26	1.27
	蛋黄磷脂(%)	14.99	14.67	14.93	14.80
	哈夫单位	95.91	94.50	94.65	93.02
	蛋壳厚度(毫米)	0.408	0.417	0.438	0.406
	蛋黄颜色	8.40	9.10	9.60	9.80
	蛋黄系数	47.35	46.99	45.65	46.69
试验后期(鸡蛋品质)	蛋重(克)	45.77	51.50a	53.50	50.29
	蛋黄胆固醇(克/100克)	1.42	1.44	1.26	1.27
	蛋黄磷脂(%)	14.99	14.67	14.93	14.80
	哈夫单位	95.39	94.89	96.98	93.92
	蛋壳厚度(毫米)	0.415	0.422	0.401	0.417
	蛋黄颜色	8.20	9.80	10.00	10.20
	蛋黄系数	45.56	44.98	43.50	42.12
试验全期(生产性能)	产蛋率	60.40	60.33	60.06	60.55
	料蛋比	5.90	5.54	5.11	5.41
	耗料量(克/只·日)	166.08	166.99	167.74	167.13
	破壳蛋	4.00	3.00	2.00	4.00

试验表明，添加3%～7%的苜蓿草粉对冬季蛋鸡的产蛋性能没有影响，而能显著提高鸡蛋品质：蛋黄颜色均达到9.8罗氏单位

以上，胆固醇含量降低，磷脂增加等。综合考虑，以添加5%效果最佳。

(4)补充光照 使每天的光照时间不低于15小时。

(5)加强通风，预防呼吸道疾病 冬季是鸡呼吸道传染病的流行季节，尤其是在通风不良的鸡舍更容易诱发。应重视鸡舍内的通风。一旦发现病情应立即隔离，并使用相应的药物治疗，使其早日康复。同时，每隔5～7天用百毒杀等消毒剂消毒，以免发生疫病。

(6)注意兽害 冬季野生动物可捕捉的猎物减少，因而对野外养鸡的威胁很大。以黄鼠狼为甚，应严加防范。

134. 放养柴鸡为什么常掉羽毛？如何预防？

(1)放养柴鸡羽毛脱落的原因有以下几点

①自然脱毛 脱毛是一个生理现象，包括现有羽毛的脱落、被新羽毛生长的替代，通常伴随着蛋产量的减少甚至完全停产。自然脱毛先于成年羽毛之前，鸡生命过程经历了新旧羽毛交替的几次脱毛阶段：第一次换毛，绒毛被第一新羽替代，发生在6～8日龄至4周龄结束；第二次换毛，第一新羽被第二新羽替代，发生在7～12周龄；第三次换毛，发生在16～18周龄，这次换毛对生产是很重要的。

产蛋母鸡自然换毛发生在每年白昼变短的时期，如我国阴历冬至前后(约12月20日前后)，此时甲状腺的激素分泌决定了换毛过程。人工光照的应用维持了恒定的光照，在这种条件下，鸡的自然换羽主要是通过调节家禽体内的“激素钟”来实现的。换毛特征：雄禽比雌禽换毛早。首先观察到家禽头颈部、然后波及胸部、最后是尾、翅部脱毛。换毛可能是局部的或全面的，脱毛的程度取决于家禽品种和家禽个体，脱毛持续的时间长短是可变的，较差的蛋鸡在6～8周龄间重新长出羽毛，而优良的蛋鸡则短暂停顿后(2～4周)较快地完成换毛过程。

从生理上说产蛋停止使更多的日粮用于羽毛生长(自身合成的主要蛋白质),雌激素是产蛋过程中释放的一种激素,起阻碍羽毛形成的作用,产蛋的停止减少了雌激素水平。因此,羽毛形成加快。

②啄羽　鸡群群序间的啄羽主要发生在头部,且并不很严重。严重的啄羽往往是由于过度拥挤、光照问题和营养不平衡的日粮所致,且会伤及鸡只。啄羽导致的受伤伴随着出血,会吸引更进一步的同类相残的啄食。

为了防止同类相残,最好的办法是隔离病弱的或受害的鸡只,受伤的鸡只应在伤口上撒消炎杀菌粉处理,伤口用深暗色的食品颜料或焦油涂抹,以减少进一步被其他鸡只的啄食攻击,也可以撒些难闻的粉末于受伤的鸡身上。修喙或者已断喙的鸡群将会减少啄羽或自相残杀的可能性,特别是与光线、饲养密度和营养有关的问题得到改进后。另外,也发现某些品种的鸡群更易发生啄羽现象(遗传特异性)。

啄羽的恶习一旦形成很难控制。因此,最好的治疗措施就是预防。

③摩擦　脱羽也可能由于其他鸡只或环境摩擦所致,特别是鸡只在密闭的环境中。为了减少脱羽,鸡群密度应降低,消除所有的鸡舍内尖锐、粗糙的表面。

④交配　如果是放养的种鸡,或将部分公鸡放入母鸡群,交配时,公鸡踩踏母鸡,母鸡的背部羽毛被公鸡的爪子撕扯掉,为了降低由此引起的羽毛脱落,需用指甲剪等工具修整公鸡的爪子,公鸡腿上的距趾可以修剪到 1.5 厘米左右的长度。

(2)预防脱毛的方法　从经济上说,羽毛消耗导致饲料消耗增加,产蛋效率下降。因此,改善羽毛状态能使养鸡生产者提高经济效益。

第一，对自然脱毛，用适当强度人工光照来保持不变的光照时间。

第二，对于由于过度拥挤、强烈光照或不平衡的日粮造成严重的啄羽，要提供合适的光照、平衡日粮、减少拥挤现象、改变现在使用的鸡品种、隔离受伤鸡只、伤口用杀菌消毒药处理、伤口涂以颜料（勿用红色）、幼龄时修剪喙部、购买已修剪过喙部的鸡只。

第三，对于摩擦造成的羽毛脱落，可降低鸡群密度，消除舍内所有粗糙和尖锐的表面；对于交配造成的羽毛脱落，需要修剪公鸡爪子。

第四，消除不利因素。生产中造成产蛋停止和脱毛的因素很多。一般而言，缺水断料是导致脱毛最常见的应激因素，不平衡的日粮或霉变的饲料也能引起脱毛。清洁的饮水即使是短时间缺乏也可能导致家禽脱毛。为了减少此种情况发生，建议准备一套紧急备用的供水系统，保证柴鸡总能饮用清凉卫生的水。注意供给平衡日粮，及时去除剩料或发霉饲料。

第五，骤冷、过热和通风不良都可能造成鸡群的掉毛。良好的饲养环境能消除极端温度，所以注意提供适宜的饲养环境，为鸡群提供良好的通风，消除极端温度，减少氨的积聚。

第六，受伤、疾病和寄生虫感染等不良的健康状况或以强凌弱现象可加剧脱毛的发生。所以，要加强管理，对感染疾病的鸡群及时治疗，加强鸡群的监控，尽量减轻应激，减少脱毛。

135. 柴鸡为什么要沙浴?

人们会经常看到柴鸡吃饱以后，在阳光的沐浴下，在沙土里翻滚。也许你认为它是在嬉戏，其实它是在用沙洗澡。

鸡的身体上会附着一些鸡虱，翅膀羽毛上会附着些羽虱、羽虫。这些鸡虱会吸食鸡身上的血。羽虱、羽虫会吃鸡翅膀上的毛。鸡所以用沙来洗澡，是为了要驱除这些虫类。

仔细观察一下柴鸡用沙洗澡的情形。鸡在泥沙中乱滚摩擦自己的皮肤并且把翅膀的羽毛竖起来，让沙土进入羽毛间有空隙的地方，这时附着在身上、翅膀上的鸡虱、羽虫、羽虱都会随着沙子一起被抖动下来。

与柴鸡同类的雉鸡、锦鸡、珍珠鸡和银鸡等，也都会用沙土来洗澡，洗澡的方式和柴鸡一样。因此，我们在鸡场，要为柴鸡准备一些沙土，既可以为它洗澡驱除害虫，也可以让它吞食沙粒帮助消化食物。

136. 哪些鸡群适合强制换羽？采用什么方法？

强制换羽是现代养鸡业为提高蛋鸡产蛋量，实现循环产蛋而采取的一项技术措施，在蛋鸡生产中具有重要意义。经过强制换羽，可以缩短自然换羽的时间，延长蛋鸡的利用年限，降低引种和培育成本；可以尽快提高产蛋率，改进蛋壳质量。

强制换羽是笼养商品蛋鸡或种鸡的一项常规技术。放养鸡，特别是放养柴鸡，目前还少有人采用这项技术。但是，对柴鸡采用这项技术是可行的，实行强制换羽可缩短柴鸡种鸡培育时间，抓住商机，获取更大的效益。

(1)强制换羽的时间 对生产商品蛋的柴鸡强制换羽，一般依照产蛋时间和产蛋率而定，可在产蛋8～10个月后进行或在产蛋率下降至30%时实施。按照强制换羽时间，可实施一次换羽或二次换羽。一次换羽是在第一期产蛋12个月左右时，强制换羽，休息2个月后，进入第二个产蛋高峰期；2次换羽一般在第一期产蛋8个月时，第一次强制换羽，休息2个月，在第二个产蛋期6个月时，第二次强制换羽，再进入第三个产蛋期。

(2)强制换羽的方法 分常规法、高锌法和复合中草药法3种。

①常规法　有以下几个步骤。

第一，控料。控料的方法有多种：一是用谷糠类饲料取代配合饲料进行限料，并在日粮中添加1%～1.5%的生石膏代替矿物质；二是完全停止供料8～10天；三是完全停料与供饲整粒禾谷类饲料（玉米粒、小麦粒、谷粒等）结合。同时，用停料与极度限饲结合的方法，让鸡只处于极度饥饿状态，也可迫使蛋鸡停产换羽。

第二，控光。任何一种换羽方法都需要对光照时间加以控制，否则效果不佳。控制光照通常从断料开始，将强光改为弱光，并把光照时间由产蛋期16小时骤然降至6～8小时。

第三，控水。控水即为停水，停水措施并非所有强制换羽方案所必须，停水必须控制在1～2天内。在天气炎热或控饲较严时则不能停水，否则会加大死亡率。

常规强制换羽方案。目前根据现有资料（王春光等，2005），按照三控（控料、控水和控光）强度不同分为3种（表6-22至表6-24）。

表6-22　全断料强制换羽方案

时　段	实施内容		
	饲　料	饮　水	光　照
1～7天	断料	充足饮水	停止人工光照或每天降至8小时
8～25天	只供采食子实饲料	充足饮水	
26天～	只供采食蛋鸡饲料	充足饮水	当体重恢复时，光照时间逐渐增至14～16小时

表 6-23　极度限饲强制换羽方案

时　段	实施内容		
	饲　料	饮　水	光　照
1天	充足供料	供水	停止人工光照或每天降至8小时
2～4天	断料	连续断水2天	
5天以上	按照每100只鸡每天供料2.7～3.5千克，当产蛋率降至1%时，逐渐恢复自由采食	供水	恢复自由采食后，光照时间逐渐增至14～16小时

表 6-24　快速强制换羽不断水方案

时　段	实施内容		
	饲　料	饮　水	光　照
1～10天	断料，补充贝壳粒	充足饮水	停止人工光照或降至每天8小时，直到恢复产蛋时再增至每日14～16小时
11天以上	只供采食蛋鸡料	充足饮水	

②高锌换羽法　提高日粮中锌的含量，可按每千克饲料中含锌200毫克(0.02%)饲喂。氧化锌、硫酸锌和碳酸锌均可作为锌的来源，其中以氧化锌效果最佳。可在日粮含钙为3.5%～4%时加2.5%的氧化锌，自由采食，连喂7天，产蛋率可降至0～2%，此法在停药后20～25天产蛋率即可明显回升。

也可以按每千克饲料添加2克硫酸锌，连喂8天，即可全部停止产蛋，停产后21天即恢复产蛋，33天即可使产蛋率明显回升。

③复方中草药强制换羽法　据资料介绍(罗国琦等，2003)，他

们在五草饮中辨证地加入板蓝根、芦根、艾叶、薄荷、蒲公英、茅根等中草药,水煎冷却后作为饮水剂或药物干燥粉碎,作为饲料添加剂,经在强制换羽的鸡、鸭群试用,确有显著的促羽生长、固本祛邪、抗病及催产醒抱作用。

第一,方药组成。益母草 500 克,鱼腥草 250 克,稗子草 500 克,三叶草 500 克,车前草 250 克。以上药物加水煎熬,冷却后,供 500～800 只鸡 1 天内饮用。冬、春季可加入适量板蓝根、芦根、艾叶、柳枝等;夏、秋季可使用鱼腥草、三叶草、茅根、蒲公英、野生地、蝉蜕等;用于醒抱时,可灵活加入薄荷、生地、冰片等适量,注意重用益母草、薄荷,并以药液饮用配合洗浴为好。

第二,操作方法。首先淘汰病残、低产、过肥和过瘦的个体,将强制换羽的鸡封闭,按常规法停水禁食,并停止人工补充光照(如鸡群停水 48 小时,禁食 72 小时,每天光照 8 小时)。于 48 小时、60 小时分别给予五草饮 100～150 毫升/只,72 小时后饲喂添加有 2.5%硫酸锌的饲料,首次以半饱为度,以后由少渐多,逐日加量,自由饮用五草饮 7 天或饲喂添加有五草饮的饲料 7～10 天;10 天后恢复正常蛋鸡饲料,并逐日增加光照(每天增加 30 分钟,直至日光照达 16 小时);同时,每周补喂 0.1%高锰酸钾溶液消毒过的沙粒 1～2 次,恢复自由饮用常水。

第三,应用效果。某鸡场 3 批商品代蛋鸡群 4 500 只,按上述方法强制换羽,一般从停水禁食开始 3 周左右就有母鸡重新产蛋;4～5 周产蛋率达 10%～25%;7～8 周产蛋率达 55%～65%;10～12 周产蛋率达 70%～80%;15 周时,可达 85%左右。此法比单一饥饿法、断水法、化学法等同期产蛋率提高 5%～10%。

(3)强制换羽的几项指标变化 实施强制换羽,必然导致鸡群发生一系列的变化。这些变化应控制在一定的范围内,主要包括:

①停产 在强制换羽开始的 5～7 天,必须使鸡群的产蛋率降至 1%以下;停产期为 6～8 周,期间要控制所有的鸡不产蛋。

②换羽　强制换羽后的第七天左右，鸡的体羽开始脱落，15～20天脱羽最多，35～45天换羽结束；当产蛋率达到50%时，有一半以上的主翼羽已经脱落。

③失重　强制换羽后的10天左右，鸡的体重要减轻18%～21%；整个换羽期的失重应控制在25%～30%。

④死亡　鸡在换羽期间的死亡率增加，但应控制在3%以内。即第一周应低于1%，10天内应低于1.5%，5周内应低于2.5%，8周内应低于3%。

(4)实行强制换羽应注意的问题

第一，强制换羽措施的实施，有主动实施和被动实施。当出现以下4种情况时，可考虑实行强制换羽：一是当柴鸡鸡群产蛋率低于30%或约有10%的柴鸡开始自然换羽，该鸡群又准备保留时，应考虑强制换羽；二是当地方性流行某些疾病，鸡群培育将要承担风险或困难，而又需要群体更换时，可进行强制换羽；三是鸡群由于某些原因（如饲料更换、发生疾病、光照不足或欠规律、各种应激等）造成群体产蛋量突然下降，数日不能回升时，可考虑强制换羽；四是根据当地市场行情和养禽情况，面临或预测近期蛋类供应过剩时，也可考虑进行人工强制换羽。

第二，在拟订鸡群强制换羽计划时，应首先人工选择健壮无病、生产性能好、躯体发育良好的鸡。淘汰老弱病残等无培养和利用价值的鸡。这样的鸡在强制换羽过程中多数死亡，即便没有死亡，强制换羽后也没有多大的生产潜力。

第三，强制换羽开始前10～15天，要给予免疫注射，并驱虫、除虱，以保证鸡只适应强制换羽所造成的刺激，也可避免在下一个产蛋周期内由于免疫注射和驱虫等而造成鸡群的应激。

第四，在高度饥饿和紧张状态时，鸡群的适应能力和消化功能降低。故在强制换羽后开始恢复喂料时，要注意由少到多，先粗后精，少量多次，均匀供给，以保证鸡消化系统逐渐适应饲料更换和药液的刺激，避免因暴食暴饮而造成消化不良或死亡。

第五，夏天实行强制换羽，要注意降温，加强通风遮荫，防止中暑；冬天采取强制换羽，要增加能量饲料，注意防寒保温。以减少无谓损失。

第六，在强制换羽期间，鸡只体重明显下降，体质减弱，抗病能力降低，故易发生疾病。因此，要保护鸡群安全，除注意保持圈舍清洁干燥、温度适宜外，在强制换羽后期可在饮水中增加免疫增效剂（如电解多维）或添加某些中草药等，以增强其扶正祛邪、抗毒抗病功效，减少鸡只因应激而造成过多死亡。

第七，为确保强制换羽效果，迅速恢复产蛋性能，强制换羽后期，可在日粮中加大微量元素的添加量，添加量为正常标准的1～2倍，连用5～7天；同时，还应注意钙质和复合维生素的补充。通过上述综合保护性措施，鸡群死亡率可控制在3%以内，产蛋性能恢复更快。

第八，强制换羽期间需注意鸡只互啄的问题。其主要防止措施是鸡舍遮黑，减少光照时间。待鸡群基本恢复正常后，再除去遮黑装置，恢复正常光照，正常饲养管理。

137. 怎样做到放养柴鸡的适时出栏？

放养柴鸡的适时出栏主要指放养的公雏鸡，或以产肉为主的仔鸡，饲养到一定日龄或体重后，及时出栏。此时出栏，经济效益最高。

出栏时间由以下情况决定。

(1)体重 体重是决定是否出栏的重要因素。因为屠宰率或出肉率的高低，与体重呈正相关。也就是说，体重越大，屠宰率越高，产肉率越高。

(2)日龄 日龄也是决定出栏时间的重要因素之一，因为鸡的生长速度与日龄有关。一般来说，在性成熟之前，体重呈现递增趋势，而性成熟之后，体重增长呈现递减趋势。当日龄到达一定之后，也就是达到成年或接近成年之后，鸡体重基本上保持稳定，继续饲养没有任何意义。

(3)季节或市场 是在考虑体重和日龄的同时，考虑季节或市场。考虑季节有两个含义，一个是放牧季节气候和场地野生饲料资源提供情况。如果气候有利于鸡的生长，有足够的野生饲料资源供鸡采食，饲养成本较低，可获得较高的效益，那么，可以再饲养一段时间；二是根据我国传统或现代节日，如中秋节、新年、圣诞节等。一般这个时期，往往是鸡肉消费的旺季。考虑市场是指当时当地的销售市场如何，一看市场需求量，二看销售价格。如果合适，出栏时间可以适当提前或错后。

根据我们几年的实践，河北柴鸡的公雏鸡在放养条件下，一般4个月左右，体重在1.5千克出栏。

事实上，在进行鸡的放养之前，应该详细地规划，何时进雏，何时放养，饲养多长时间，1年出栏几批等。一般是以出栏时间决定进雏时间。比如说，计划10月1日出栏，假设120天的饲养周期，那么进雏期设定在10月1日往前120天，即6月1号以前开始育雏最好。

138. 如何降低柴鸡放养成本？

降低放养鸡养殖成本涉及养鸡的方方面面，任何一个环节出现问题，都将影响养鸡的成本。

成本分为绝对成本和相对成本。所谓绝对成本是指一只鸡在一个生产周期的总投入。而相对成本是指放养鸡单位产品的成本。例如，每生产1千克鸡蛋的成本、每增长1千克体重的成本等。在总成本不变的情况下，生产性能越高，相对成本越低；在总投入和生产性能不变的情况下，产品质量越高，销售价格越高，相对成本越低，效益就越高。

在总的成本中，又可细分饲料成本、人工成本、设备成本、防疫成本、销售成本、水电和其他等。降低成本，就要提高生产性能，降低饲料转化率，减少无谓损失，提高生产性能和产品质量。概括起来，需要考虑以下问题。

(1)饲养优良鸡种 常言说，优种劣种，效益不同。不同的品种，生产性能不同，产品质量不同，市场价格不同，都将直接影响养殖效益，间接影响养殖成本。

根据我们的试验，以河北柴鸡、农大三号和其他现代配套系鸡种在相同的放养条件下进行比较，从产蛋性能和饲料转化效率上来看，现代鸡种和农大三号高，柴鸡最低。但由于本地柴鸡的鸡蛋市场价格最高，因此柴鸡是最佳放养鸡种，农大三号次之。其他现代配套系鸡种由于产品价格不被市场看好，因此，作为放养鸡种暂不考虑选择。

(2)放养场地的选择 放养柴鸡主要采食野生饲料，因此放养场地自然饲料提供的数量和质量直接影响养鸡成本和效益。要选择可食牧草资源丰富的场地作为放养地，可以减少人工饲料的投入量，提高鸡产品的产量和质量。生产中发现，有些场地尽管草资源丰富，但是可食牧草比例很少，因此也不适合作为放牧地。此外，有些场地虽然生长着可食牧草，但是由于地势高，或环境干燥，雨量少，牧草再生能力差，也不适合长期放牧。

(3)提高饲养技术 包括育雏期、育成期和产蛋期的饲养管理技术，提高成活率、健雏率、均匀度或整齐度等，是提高生产性能降低饲养成本所必需的。

(4)诱虫技术的应用 虫体是优质的蛋白质饲料，鸡在野外放养可以采食一定的活的虫子。但是，在经常放牧的场地，虫子很快被鸡吃掉，难以再持续提供。为了获得更多的虫子，可采取多种诱虫技术(如黑光灯、高压电弧灭虫灯、性激素等)，诱杀虫子。不仅可提供优质的蛋白质饲料，而且可以获得天然的抗菌肽(昆虫虫体内存在），提高抗病能力。

（5）科学配制日粮 根据不同品种鸡的各个生长阶段的营养需要，充分利用当地的廉价饲料资源，有条件的鸡场可以自行配制全价日粮，这样可大大降低饲料成本。由于放养鸡与笼养鸡的活动特点不同，生产性能不同，营养需要有很大的不同。因此，必须根据放养柴鸡的营养特点设计配方，方可起到提高生产性能、降低饲料成本的效果。

（6）减少饲料浪费 ①料槽结构要合理，有足够数量的料槽，同时槽的上缘应加边，成凹形，防止饲料外溅。②掌握喂料时间。1天1次在傍晚，集中补料，及时收集没有吃净的饲料。③注意饲料形态。粉状的饲料不容易采食，也会造成由于比例不同出现分层现象而采食不均。一般采取粒料，如玉米粒、高粱粒，这样浪费较少。有条件的鸡场可以做成颗粒饲料。这样，既可以避免饲料的分层，也可以防止饲料浪费，同时可以节省采食时间。

（7）及时淘汰残、次和低产鸡 残次和低产鸡生产性能很低，每天同样消耗饲料，饲养价值不大，应该及时将其淘汰，以降低饲养成本。不产蛋鸡，白吃饲料不生产，必须及时淘汰。一般从外表可以判断停产鸡：冠髯苍白，腹部收缩狭窄，羽毛光亮干净。可捉住翻肛，如翻不出来，应予以淘汰。如果经验不足，可以采取可靠而较麻烦的办法：连续3天，每天晚上逐只通过肛门触摸子宫，如果有正在形成中的鸡蛋，做一个标记（如于腿部系一根细绳）。连续3天后，将那些没有鸡蛋形成的鸡全部淘汰，而保留高产鸡。

（8）搞好防疫 按照免疫程序免疫，使用可靠疫苗，防止漏注；注意及时驱虫，预防慢性消耗性疾病；要加强饲养管理，提高鸡的抗病能力，减少治疗费用。同时，搞好环境和饲养用具的卫生，为鸡创造一个良好的生长环境，确保稳产高产。

（9）保持适宜的温度 生产中发现，冬季放养鸡产蛋性能很低，有的鸡场出现停产现象。根据笔者研究发现，营养负平衡是主要原因。由于寒冷，采食的饲料主要用于御寒。如果保温不好，喂料不足，停产是不足为怪的。

鸡产蛋最适宜的舍温为13℃～21℃，冬季如果舍温低于8℃，每100只鸡每天要多吃饲料1.5千克，而且产蛋率下降。一般来说，由于北方冬季野外很少有可采食的饲料，因此尽量不放牧，多采取圈养方式。在鸡舍的向阳面搭建一个使用面积不少于鸡舍面积的塑料棚，以扩大活动面积，接受热能，增加采光。夏季气候炎热，鸡食入的饲料较少，产蛋率也下降。所以，夏季注意防暑，调节好鸡舍内的温度，对降低饲料消耗也很重要。

七、生态放养柴鸡的常见疾病及防治

139. 生态放养柴鸡为什么发病率低？

(1)饲养密度小，舍内通风好，不易患呼吸道疾病 柴鸡放养在果园、林间、农田、草地，一般饲养密度在 30～50 只/667 米^2。舍内的饲养密度也超不过 10 只/米^2，舍内粉尘、氨气、硫化氢等有害气体的浓度也很低。所以，一般很少患呼吸道疾病。

(2)活动范围广，运动量大，体质好 据观察，放养鸡的活动半径在 500 米以内，在觅食过程中，不停地奔跑、跳跃、打斗，增加了肺活量及肌肉的增长，具有良好的体质。

(3)觅食中采食鲜嫩的树叶、草叶以及成熟的植物子实 这些物质中不仅含有丰富的蛋白质，还含有鸡必需的多种维生素、微量元素。而且，某些植物还有保健作用。

(4)采食的昆虫及软体动物体内含有抗菌肽，提高其抗病力 鸡在放养过程中，从周围的环境中采食大量蝗虫、蚯蚓、蝇蛆等，这些动物不仅提供大量的优质蛋白质，而且体内还含有丰富的抗菌肽。据报道，抗菌肽具有广谱的抗菌性，不仅对多种细菌、真菌，而且对多种病毒也有杀灭作用。

(5)在太阳的照射下，紫外线源源不断地消毒及产生维生素 D_3 放养柴鸡在太阳的照射之下，紫外线源源不断地给鸡体表及周围环境消毒，并使鸡皮肤中的 7-脱氢胆固醇转化为维生素 D_3，减少骨软症的发生。

141. 哪些因素不利于放养柴鸡的疾病控制？

(1)饲养管理技术相对落后，疫病综合防治意识淡薄 由于各地放养柴鸡近几年刚刚兴起，相关配套技术滞后，放养柴鸡的饲养和经营管理人员普遍存在水平不高，不懂专业知识，缺乏疫病防治的临床经验等问题。

(2)种鸡场良种繁育体系尚未健全，传染病较多 目前，由于放养鸡场饲养的很多是农村自繁的柴鸡，有些所谓的“种鸡场”根本没进行过鸡白痢、白血病净化，经蛋垂直传染的疾病较多；同时，由于孵化场大多数是小孵化场，孵化、管理、卫生条件等较差，这些因素均加重疫病的传播。

(3)环境不易控制，易患球虫、大肠杆菌病 放养鸡接触地面，病鸡粪便易污染饲料、饮水、土地。特别是夏季天热多雨、鸡群过分拥挤、运动场太潮湿，粪便得不到及时清理和堆沤发酵。再加上清除场内的污物不及时，使得病原体“接力传染”，容易造成此两病的流行。

(4)气候多变，环境恶劣 放养鸡所处的外界环境因素多变，易受暴风雨、冰雹、雪等侵袭，应激大。

141. 放养鸡主要防病措施有哪些？

(1)选择合适的场地 从疫病预防、控制角度，养鸡场应选择在背风向阳、地势高燥、易于排水、通风良好、水源充足、水质良好的地方。要远离屠宰场、肉食品加工厂、皮毛加工厂等易污染单位。规模较大的放养鸡场，生产区和生活区应严格分开。鸡舍的建筑应根据本地区主导风向合理布局，从上风头向下风头，依次建筑饲料加工间、育雏间、放养鸡舍。此外，还应建立隔离间、粪便和死鸡处理设施等。

(2)把好种鸡引入关 鸡群发生的疫病中，部分是从引种鸡场带来的。因此，从外地引进雏鸡时，应首先了解当地有无疫情。若有疫情则不能购买，无疫情时，引进前也要对种鸡场的饲养管理、防疫详细地了解。雏鸡应来自非疫区、信誉度高的正规种鸡场。

(3)科学饲养管理

①满足鸡群营养需要　在饲养管理过程中，要根据鸡的品种，分群饲养，按其不同生长阶段的营养需要，饲养密度，植被情况，供给相应的配合饲料，以保证鸡体的营养需要。同时还要供给足够的清洁饮水，合理安排放牧时间，提高鸡群的健康水平。只有这样，才能有效地防御多种疾病的发生，特别是防止营养代谢性疾病的发生。

②创造良好的生活环境　饲养环境条件差，往往影响鸡的生长发育，也是诱发疫病的重要因素。要按照鸡群在不同生长阶段的生理特点，控制适当的温度、湿度、光照、通风和饲养密度，尽量减少各种应激因素，防止惊群的发生。

③采取“全进全出”的饲养方式　所谓“全进全出”，就是同一栋鸡舍和放牧地块在同一时期内只饲养同一日龄的鸡，又在同一时期出栏。这种饲养方式简单易行，优点很多，既便于在饲养期内调整日粮，控制适宜的舍温，合理地免疫，又便于鸡出栏后对舍内地面、墙壁、房顶、门窗及各种设备彻底打扫、清洗和消毒以及放牧地的自然净化。采取这种饲养方式，能够彻底切断各种病原体循环感染的途径，有利于消灭舍内的病原体。

④做好废弃物的处理工作　养鸡场的废弃物包括鸡粪、死鸡等。养鸡场一般在下风向最低位置的地方或围墙外设废弃物处理场。鸡粪经过发酵处理后，当肥料出售。死鸡焚烧或深埋。

⑤做好日常观察工作　随时掌握鸡群健康状况，逐日观察记录鸡群的采食量、饮水表现、粪便、精神、活动、呼吸等基本情况。统计发病和死亡情况，对鸡病做到“早发现、早诊断、早治疗”，以减少经济损失。

(4)搞好消毒工作　① 鸡场及鸡舍门口应设消毒池，经常保持有新鲜的消毒液，凡进入鸡舍必须经过消毒。车辆进入鸡场，轮子要经过消毒池。② 工作人员和用具固定，用具不能随便借出借入。工作人员每天进入鸡舍前要更换工作服、鞋、帽，工作服要定期消毒。场内的工作鞋不许穿出场，场外的鞋不许穿进场内。③ 鸡舍在进鸡之前一定要彻底清洗和消毒。栖架、蛋箱应定期消毒。料槽应定期洗刷、晾晒，否则会使饲料发霉变质；水槽要每天清洗。④ 要坚持做好带鸡消毒，用0.3%过氧乙酸或0.05%～0.1%的百毒杀或"1210"对鸡群消毒，这对环境的净化和疾病的防治作用很大。通过带鸡消毒，不仅能使鸡舍的地面、墙壁、鸡体和空气中的细菌数量明显减少，还能降低空气中的粉尘、氨气，夏天还有降温作用。

(5)搞好免疫接种 ① 养鸡场一定要根据本场的疫情和生产情况，制定本场的免疫计划。② 兽医人员要有计划地对鸡群进行抗体监测，以确定免疫的最佳时机，检查免疫效果。③ 使用的疫苗要确保质量，免疫的剂量准确，方法得当。④ 免疫前后要保护好鸡群，免受野毒的侵袭。要避免各种应激，对鸡群增喂一些维生素 E 和维生素 C 等，以提高免疫效果。

(6)利用微生态制剂防治疾病 微生态制剂可以改变肠道环境或与肠道内有益菌一起，形成强有力的优势菌群，抑制致病菌群。同时，分泌与合成大量氨基酸、蛋白质、维生素、各种生化酶、抗生素、促生长因子等营养与激素类物质，以调整和提高鸡机体功能，提高饲料转化率。对鸡机体可以产生免疫、营养、生长刺激等多种作用，达到消除粪尿臭味、防病治病、提高存活率、促进生长和繁殖、降低成本的目的。

(7)合理预防投药，提高鸡群健康水平 除对鸡群进行科学的饲养管理，做好消毒隔离、免疫接种等工作外，合理使用药物防治鸡病，也是搞好疾病综合性防治的重要环节之一。

142. 饲养管理中“五勤”指的是什么?

第一,放鸡时勤观察。开放式带运动场的鸡舍,每天早晨放鸡外出运动时,健康鸡总是争先恐后向外飞跑,弱者常常落在后边,病鸡不愿离舍或留在栖架上。通过观察可及时发现病鸡并及时治疗和隔离,以免疫情传播。

第二,清扫时勤观察。清扫鸡舍和清粪时,观察粪便是否正常。正常的鸡粪便是软硬适中的堆状或条状物,上面覆有少量的白色尿酸盐沉积物;若粪过稀,则为摄入水分过多或消化不良;如为浅黄色泡沫粪便,大部分是由肠炎引起的;白色稀便则多为白痢病;而排泄深红色血便,则为鸡球虫病。

第三,补料时勤观察。补料时观察鸡的精神状态,健康鸡特别敏感,往往显示迫不及待感;病弱鸡不吃食或被挤到一边,或吃食动作迟缓,反应迟钝或无反应;病重鸡表现精神沉郁、两眼闭合、低头缩颈、翅膀下垂、呆立不动等。

第四,宿窝后勤观察。晚上关灯后倾听鸡的呼吸是否正常,若有咳嗽、气管有啰音,则说明有呼吸道疾病。

第五,补料后勤观察。从放养到开产前,若采食量逐渐增加为正常;若表现拒食或采食量逐渐减少则为病鸡。因此,在每天补料后及时对补料量和剩料量记录和总结,以便查明原因。

143. 放养柴鸡不易患什么病?

(1)放养鸡不易患呼吸道疾病 鸡放养在果园、林间、农田、草地,一般饲养密度在30～50只/667米^2。舍内的饲养密度也超不过10只/米^2,舍内粉尘、氨气、硫化氢的浓度很低。所以,一般很少患喉气管炎、支气管炎等呼吸道疾病。育雏阶段有时发生呼吸道疾病。但放养后,由于鸡群饲养密度小、舍内通风好、空气新鲜,很少患呼吸道疾病。

(2)放养鸡不易患软骨病等代谢病 放养鸡在太阳的照射之下，紫外线源源不断地给鸡体表及周围环境进行消毒，并使鸡皮肤中的7-脱氢胆固醇转化为维生素D_3，减少软骨病的发生。且活动范围广，运动量大，体质好。据观察，放养鸡的活动半径在500米以内，在觅食过程中，不停的奔跑、跳跃、打斗，增加了肺活量及肌肉的增长，具有良好的体质。所以，很少患骨软症。

(3)放养鸡不易患维生素、微量元素等缺乏症 放养鸡觅食中采食鲜嫩的树叶、草叶以及成熟的植物子实，这些物质中不仅含有丰富的蛋白质，还含有鸡必需的多种维生素、微量元素；而且，某些植物还有保健作用。柴鸡在放养过程中，从周围的环境中采食大量蝗虫、蚯蚓、蝇蛆等，这些动物可以提供大量的优质蛋白质。所以，很少发生营养缺乏症。

144. 为什么说抓好引种环节是放养柴鸡防疫的基础？

放养的柴鸡与笼养现代配套系蛋鸡相比，尽管抗病力较强，但有些疾病特别是传染病一旦发生，往往引起鸡群大批死亡，造成严重的经济损失。放养柴鸡的引种是防疫的第一关口。在引种选择时，应考虑当地的实际情况，了解其在我国不同地区的适应性以及性能特点，做出适宜的选择。如当地的柴鸡，更适应当地环境条件、活动量大、肉质好、采食能力和抗病力强，比较适合户外放养。

145. 鸡新城疫如何防疫？

必须建立并贯彻各项预防制度，切实做好免疫接种工作，坚持定期消毒，严格检疫。

适时预防接种就要制定合理的免疫程序。免疫程序最好按实际测定的抗体水平来确定，以下两种免疫方式可供参考：

(1) 免疫方式一

首免,5日龄:新肾支苗滴鼻、点眼或饮水;

二免,22日龄:新城疫克隆30或Ⅳ系苗滴鼻、点眼或饮水;

三免,60日龄:Ⅰ系苗肌内注射;

110~120日龄:新城疫克隆30或Ⅳ系苗饮水。

(2)免疫方式二

首免,5日龄:新肾支苗滴鼻、点眼或饮水;

二免,22日龄:新城疫克隆30或Ⅳ系苗滴鼻、点眼或饮水;

三免,60日龄:鸡新城疫灭活疫苗肌内注射;

110~120日龄:肌内注射新肾减三联油苗。

治疗上可用抗鸡新城疫血清和鸡新城疫高免抗体。抗鸡新城疫血清成本高,一般不生产、使用。目前以鸡新城疫和鸡传染性法氏囊病二联高效卵黄抗体注射液做紧急预防接种,体重0.5千克以下每只肌内注射0.5毫升,体重1千克以上每只肌内注射1毫升,早期使用效果较佳。由于鸡新城疫常常并发大肠杆菌等病,在饲料或饮水中加入适量的抗生素和电解多维,可减少死亡,有助于鸡群康复。

146. 禽流感如何预防?

首先,要加强卫生管理,执行严格的检疫制度,防止引入病原。在雏鸡25~30日龄和110~120日龄接种禽流感疫苗。

其次,一旦发生可疑病鸡,就应及时采取封锁、隔离、消毒和严格处理病禽、死禽等措施。当出现高致病力禽流感病毒感染时,要划定疫区,严格封锁和隔离,焚毁病死禽,对疫区内可能受到高致病力禽流感病毒污染的场所彻底地消毒等,以防疫情扩散,将损失控制在最小范围内。

147. 鸡法氏囊病如何防疫?

本病尚无有效防治药物,预防接种、被动免疫是控制本病的主要方法,同时必须加强饲养管理及防疫消毒卫生工作。

为防止育雏早期的隐性感染和提高雏鸡阶段的免疫效果,种鸡场应做好主动免疫工作,即在种鸡群开产前用油乳剂灭活苗预防接种,在种鸡 40～42 周龄时再用油佐剂灭活苗免疫 1 次,这样就能保证种鸡在整个产蛋期内的种蛋和雏鸡能保持相对稳定的母源抗体,并且均匀一致,为雏鸡阶段的免疫打下基础,也可有效地预防早期的隐性感染。

放养的鸡雏可在 12～14 日龄用弱毒疫苗饮水,24～26 日龄中等毒力疫苗饮水。对于来源复杂或情况不清的雏鸡免疫可适当提前。在严重污染区、本病高发区的雏鸡可直接选用中等毒力的疫苗。

受严重威胁的感染鸡群或发病鸡群注射高免蛋黄或高免血清,可取得较好的控制疗效,但需尽早诊断,及时掌握注射时机,才能有效地控制鸡只死亡。同时投服速效管囊散或法氏克等药物,针对出血和肾功能减退对症投肾脏解毒药、多种维生素,可起到缓解病情和减少死亡的作用。

148. 怎样防治鸡痘?

放养鸡一般饲养在林地、田间、草地。潮湿的草地、林地是孳生蚊虫等血吸虫的地方,周围环境中蚊虫等血吸虫较多,易患该病,在生产中应引起足够的重视。

预防鸡痘最可靠的方法是接种疫苗。一般在夏末秋初接种鸡痘疫苗。可用鸡痘弱毒疫苗 50 倍稀释,用钢笔尖蘸取少许疫苗,在鸡翅膀内侧无血管处刺破皮肤即可,1 月龄内雏鸡刺种一下,1 月龄以上的鸡刺种两下 。每刺种几只鸡后,应用脱脂棉擦拭笔尖，以免油脂过多蘸不够药液而影响免疫效果。接种3～5天之后，接种部位出现绿豆大小的红疹或红肿，10天后有结痂产生即表示疫苗生效。如果刺种部位不见反应，必须重新刺种疫苗。

目前尚无特效治疗药物，主要采用对症疗法，以减轻病鸡的症状和防止并发症。皮肤上的痘痂，一般不做治疗，如果发病数量较少或必要时，可用清洁镊子小心剥离，伤口涂碘酊或紫药水。白喉型鸡痘时，喉部黏膜上的假膜用镊子剥掉，0.1%高锰酸钾溶液洗后，用碘甘油、或氯霉素软膏、鱼肝油涂擦，可减少窒息死亡。病鸡眼部如果发生肿胀，眼球尚未损坏，可将眼部蓄积的干酪样物质排出，然后用2%硼酸溶液或0.1%高锰酸钾液冲洗。剥离下的假膜、痘痂或干酪样物都应烧掉，严禁乱丢，以防散毒。

对于症状严重的病鸡，为防止并发感染，可在饲料或饮水中添加抗生素。可在饲料中添加0.08～0.1%的土霉素连喂3天或在饮水中添加0.2%的金霉素连饮3天。

为促进组织和黏膜的新生，促进饮食和提高机体抗病力，应改善禽群的饲养管理，在饲料中增加维生素A和含胡萝卜素丰富的饲料。若用鱼肝油补充时应为正常剂量的3倍。

149. 鸡白痢如何防治？

鸡白痢在放养鸡中显得尤为突出，因为有些种鸡场未做过鸡白痢净化，雏鸡阳性率较高，同时放养鸡场育雏条件较差，温度忽高忽低，卫生条件差，均易诱发本病的发生。

首先，从鸡白痢净化的种鸡场购进雏鸡；其次，育雏舍及所有用具在使用前要进行彻底清洗消毒。对2周龄以下的雏鸡预防投药，1～5日龄，每升饮水添加庆大霉素8万单位；6～10日龄，在饲料中添加氟哌酸100毫克/千克；11日龄起，在每千克饲料中添加土霉素2克，连用3～4天。

150. 鸡大肠杆菌病如何防治?

放养柴鸡因其所处环境的特殊性,常常接触污染的饲料、饮水、用具,发霉变质的饲料以及受外界应激因素(雨淋、温度变化等)的影响,易感染或并发大肠杆菌病。调查中发现,大肠杆菌病既是放养鸡最易患也是危害最大的传染病之一。

加强饲养管理,搞好环境卫生是预防该病的关键措施。平时要注意及时清理粪便,保持放养场环境卫生,供给鸡清洁的饮水,水槽要经常擦洗,定期加入适量的消毒剂。舍饲期间,保持较稳定的温度、湿度(防止忽高忽低),合适的密度,保持通风良好、空气新鲜。定期对环境、用具及带鸡消毒,供给优质饲料,保持环境的稳定,控制霉形体、新城疫、法氏囊等病的发生。

在大肠杆菌病危害严重的鸡场,虽然大肠杆菌的血清型众多,但接种疫苗仍为防治本病的一种有效方法。近年来国内外采用大肠杆菌多价氢氧化铝苗、蜂胶苗、多价油佐剂苗,取得了较好的预防效果。采用本地区发病鸡群的多个毒株或本场分离菌株制成的疫苗免疫效果更好。另外,可以使用微生态制剂,通过改变胃肠道微生物群组成,使有益或无害微生物占据种群优势,通过竞争抑制病原或有害微生物的增殖,达到防病的目的。

鸡群发生大肠杆菌病后,可以用药物治疗,最好以饮水的方式投药。常用的药物有丁胺卡那霉素、新霉素、四环素、庆大霉素、诺氟沙星、环丙沙星、恩诺沙星等。由于大肠杆菌极易产生抗药性,因此在采用药物治疗时,最好进行药敏试验,或选用过去很少用过的药物全群治疗。提倡加中草药和微生态制剂配合治疗,且注意交替用药。要早诊断、早治疗。

近年来我们试验,采用微生态制剂预防和治疗大肠杆菌等消化道疾病,效果良好。其优点在于无药物残留、无耐药性、无毒无害。对于绿色鸡蛋和有机鸡蛋生产意义重大。

151. 如何防治鸡住白细胞虫病?

住白细胞虫病是由住白细胞原虫寄生于鸡的白细胞和红细胞内引起的一种血孢子虫病,媒介是昆虫。防止媒介昆虫进入鸡舍或杀灭鸡舍周围的媒介昆虫,是防治本病根源。掌握本病的规律,在流行前或流行初期用药物预防,能收到满意的效果。

预防可选服下列药物:磺胺二甲氧嘧啶 25～75 毫克/千克或息疟定 1 毫克/千克、磺胺喹噁啉 77～130 毫克/千克混于饲料中。上述药物在流行期连续服用,均有良好效果。此外,在该病流行季节之前,用氯羟吡啶 125 毫克/千克连续内服,有良好效果。

治疗可选用:磺胺二甲氧嘧啶 500 毫克/千克饮水 3～7 天,然后再用 300 毫克/千克饮水 2 天;磺胺二甲氧嘧啶 400 毫克/千克和息疟定 4 毫克/千克混于饲料连续服用 1 周后,改用预防剂量;复方敌菌净 200 毫克/千克混于饲料连续用,为防止药物中毒,可连续服用 5 天,停药 2～3 天,然后再服用。注意适时改换药物,以免造成抗药性。

152. 如何防治柴鸡霉形体病?

(1)加强鸡场的管理 降低饲养密度,改善鸡舍通风条件,减少粉尘,保持舍内空气新鲜,定期清粪,防止氨气、硫化氢等有害气体刺激,均是防止本病的重要环节。此外,定期带鸡消毒,可防止病原菌侵入及诱发本病。

(2)防止垂直传播 从霉形体已净化的种鸡场购买雏鸡,并在 1～5 日龄添加抗生素防止本病的传播。

(3)免疫接种 7～15 日龄接种疫苗。

(4)治疗 选用恩诺沙星、氧氟沙星、强力霉素效果较好。

153. 鸡球虫病如何防治?

预防方面,主要是消灭卵囊,切断其生活史,不让其有孢子化的条件。具体做法是鸡群要全进全出,鸡舍要彻底清扫、消毒,雏鸡和成鸡要分开饲养,保持环境清洁、干燥和通风,喂给全价饲料,笼养或网养有利于防治本病。粪便及时清扫,粪便及垫草堆积发酵处理。

同时,用药物预防,抗球虫药应从12~15日龄的雏鸡开始给药,坚持按时、按量给药,特别要注意在阴雨连绵或饲养条件差时更不可间断。平时给所有的雏鸡连续投服低剂量的抗球虫药,以阻止球虫的感染,或将感染率降低到一个较低的水平。为预防球虫在接触药物后产生抗药性,应采用穿梭方案经常变换药物。鸡也可考虑使用球虫活疫苗,2~5日龄初免,1周后再免疫1次,以加强免疫。免疫后2周内禁用有抗球虫活性的药物,10天内不要换垫料。

治疗方面,一般用抗球虫药治疗,效果就很明显。常用抗球虫药有:尼卡巴嗪、氨丙啉、克球粉、鸡宝-20、三字球虫粉、盐霉素、地克珠利等。在治疗的同时,补加维生素K,每只鸡每天1~2毫克,鱼肝油10~20毫克或维生素A、维生素D粉适量,并适当增加多种维生素用量。

154. 鸡羽虱如何防治?

内服用药:伊维菌素5克/袋,每袋含有效药物5毫克。病鸡按0.2毫克/千克体重,混于饲料中内服,每隔10天后,再按0.2毫克/千克体重,再投药1次,连用3次。外部用药:用2.5%高效氯氰菊酯溶液,以60毫克/千克浓度喷鸡笼、鸡体和地面及墙壁。用药量不能过大,以稍湿润为度,每周1次,连用3次。

155. 放养柴鸡为什么要定期驱虫?

放养鸡接触地面，病鸡粪便污染饲料、饮水、土地，使得虫卵“接力传染”，所以放养鸡应定期进行驱虫。驱蛔虫，初次在60日龄，间隔2个月再驱虫1次，选用左旋咪唑10毫克/千克体重。在90日龄驱绦虫，用丙硫苯咪唑10毫克/千克体重，混料，一次内服。

156. 放养鸡营养缺乏症有哪些? 如何防治?

育雏阶段易患维生素A、维生素B_1、维生素B_2、维生素D缺乏症，可在饲料中添加AD_3粉和B族维生素。冬季放养期间，青饲料缺乏以及外界气温低，可供采食的饲料不多，特别要注意提高补充饲料的能量水平和多种维生素含量。

157. 如何防治鸡啄癖?

(1)饲养密度不宜过大 柴鸡活动量大，爱打斗。鸡群一般以300只为宜，放养密度每667平方米230～50只；舍内每平方米8～10只，并设置栖架，以增加活动空间。

(2)加强饲养管理 应按个体大小和强弱不同分群喂养，以防以大欺小、以强欺弱，造成小鸡、弱鸡被啄伤后而养成啄癖。育成鸡光照应控制在9小时内，开产后逐渐延长至14～16小时。若突然增加，则易引起啄癖。光照最好用红光，光度不宜过强，以免影响休息。配置足够的料槽，补饲足量营养全面的饲料。

(3)断喙 断喙可有效防治鸡的啄癖，具体方法见第74问。

159. 放养鸡推荐免疫程序有哪些?

表 7-1　放养鸡场推荐的免疫程序　(适用育肥用柴公鸡)

日　龄	疫　苗	接种方法
1	鸡马立克氏病疫苗	颈部皮下注射
3	球虫疫苗	口　服
5	鸡新城疫、鸡传染性支气管炎二联活疫苗	点眼、滴鼻
12	鸡传染性法氏囊低毒力活疫苗	饮　水
14	禽流感灭活疫苗	颈部皮下注射
20	球虫疫苗	饮　水
22	鸡新城疫低毒力活疫苗	饮　水
26	鸡传染性法氏囊中等毒力活疫苗	饮　水
35	禽流感灭活疫苗	肌内注射
50～60(放养时)	鸡新城疫Ⅰ系苗、鸡痘疫苗	肌内注射＋翅下刺种
110～120	新城疫克隆30或Ⅳ系苗	饮　水

表 7-2　放养鸡场推荐的免疫程序　(适用于柴鸡产蛋鸡)

日　龄	防治疫病	疫　苗	接种方法
1	鸡马立克氏病	鸡马立克氏病疫苗	颈部皮下注射
3	球　虫	球虫疫苗	口　服
5	鸡新城疫、鸡传染性支气管炎	鸡新城疫、鸡传染性支气管炎二联活疫苗	点眼、滴鼻

续表 7-2

日　龄	防治疫病	疫　苗	接种方法
12	鸡传染性法氏囊病	鸡传染性法氏囊低毒力活疫苗	饮　水
14	禽流感	禽流感灭活疫苗	颈部皮下注射
20	球虫	球虫疫苗	饮　水
22	鸡新城疫	鸡新城疫低毒力活疫苗	饮　水
26	鸡传染性法氏囊病	鸡传染性法氏囊中等毒力活疫苗	饮　水
35	禽流感	禽流感灭活疫苗	肌内注射
50～60(放养时)	鸡新城疫	鸡新城疫灭活疫苗，鸡痘疫苗	肌内注射＋翅下刺种
110	鸡新城疫，鸡传染性支气管炎，鸡减蛋综合征	鸡新城疫，传染性支气管炎，减蛋综合征三联灭活疫苗	肌内注射
120	鸡　痘	鸡痘疫苗	刺　种
	禽流感	禽流感灭活疫苗	肌内注射

备注：喉气管炎易发区，分别在 45 和 90 日龄接种喉气管炎疫苗

159. 疫苗点眼(或滴鼻)时操作要点有哪些？

滴鼻、点眼用滴管，事先用 1 毫升水试一下，看有多少滴。以每毫升 20～25 滴为好，每只鸡 2 滴，每毫升滴 10～12 只鸡，如果 1 瓶疫苗是用于 500 只鸡的，如增加半倍量，就稀释成 500×50%÷10＝25(毫升)。

疫苗应用生理盐水、蒸馏水或专用稀释液稀释，不能用自来水，避免影响免疫接种的效果。

滴鼻、点眼的操作方法：左手轻轻握住鸡体，食指与拇指固定

住小鸡的头部,右手用滴管吸取药液,滴入鸡的鼻孔或眼内,当滴在鼻孔或眼中的药液完全吸入后,方可放下鸡。

160. 饮水免疫应注意什么?

第一,在投放疫苗前,要停供饮水 2～3 小时(依不同季节酌定),以保证鸡群有较强的渴欲,能在 30 分钟内把疫苗水饮完。

第二,配制鸡饮用的疫苗水,现用现配,不可事先配制备用。水中应不含有氯和其他杀菌物质。盐碱含量较高的水,应煮沸、冷却,待杂质沉淀后再用。有条件时可在疫苗水中加 2%脱脂奶粉,对疫苗有一定的保护作用。

第三,饮水器的数量应充足、摆放均匀,可供全群 2/3 以上的鸡同时饮上水。应避免使用金属饮水器,饮水器使用前不应消毒,但应充分洗刷干净,不含有饲料或粪便等杂物。

第四,稀释疫苗的用水量要适当。正常情况下,每 500 份疫苗,2 日龄至 2 周龄用水 2～3 升,2～4 周龄 3～5 升,4～8 周龄 5～7 升。

161. 注射疫苗时注意事项有哪些?

第一,注射器、针头及注射管每次使用前要消毒(蒸或煮沸 20 分钟),选用短些的锋利针头,禁用钝与带钩的针头。注射中经常查看针头是否阻塞,阻塞的针头即时更换,一般每注射 100～150 只鸡换 1 个针头。连续注射器的调节器也应不断查看、调整,以确保剂量准确。

第二,弱毒疫苗溶液必须现用现配,稀释液应根据说明书的规定选用,一般用生理盐水或专用稀释液稀释。配制程序如下:用消毒过的针头与针管吸取 2～3 毫升稀释液,注入疫苗瓶中,轻轻摇匀。再用注射器抽出此液,放到稀释液大瓶中,如此重复 1～2 次,这样就能将全部疫苗中的弱毒粒子混于稀释液中,从而提高免疫效果。最后摇动大瓶疫苗就能溶解,使其混匀,但不要产生气泡。

第三,灭活油乳剂疫苗注射前,应先放入室内5～10小时,使其升至室温,能减少对鸡注射部位的刺激,增强疫苗的流动性;使用前摇动疫苗30～60秒钟后再注射,明显分层的油乳剂疫苗严禁使用。

第四,皮下注射法主要适用于接种鸡马立克氏病弱毒疫苗、新城疫Ⅰ系疫苗等。接种鸡马立克氏病弱毒疫苗,多采用雏鸡颈背皮下注射法。注射时先用左手拇指和食指将雏鸡颈背部皮肤轻轻捏住并提起,右手持注射器将针头刺入皮肤与肌肉之间,然后注入疫苗。

第五,肌内注射法主要适用于接种鸡新城疫Ⅰ系疫苗、新城疫油苗、禽流感油苗。注射部位可选择胸部肌肉、翼根内侧肌肉或腿部外侧肌肉。

162. 放养柴鸡预防用药程序是什么?

第一,1～5日龄,饮水中加电解多维及5%葡萄糖,可以迅速补充能量,降低应激,防止脱水,提高成活率。

第二,2～7日龄,每100千克饲料加入氟哌酸20～30克;阿莫西林饮水,每日2次,每克阿莫西林加水10升,连用3～5天;预防大肠杆菌病、沙门氏菌病、脐炎等。以后视鸡体情况,在技术人员的指导下合理用药。

第三,24～30日龄,在饲料中加地克珠利或克球粉,防治球虫病。

第四,60日龄、120日龄时,喂驱虫药1次。

163. 放养鸡用药有什么讲究?

使用药物是防治鸡病的有效措施之一。为了保证药物的防治效果,用药时要根据鸡的饲料特点、不同的疾病及药物特点来选择最恰当的投药方法,从而使药物发挥出良好的疗效,达到防治疾病的目的。

(1)拌料 这是规模比较大的养鸡户及养鸡场经常使用的方法。适用于大群投药、不溶于水的药物及慢性疾病，如大肠杆菌病、沙门氏菌病及其他肠道疾病、球虫病等。适于拌料的药物有磺胺类药、抗球虫药、土霉素等。用药时一定要根据材料要求准确计量，同时要务必混合均匀。

(2)饮水 通过饮水来投药时，药物吸收较快，一般适用于短期投药，紧急治疗，病鸡只饮水不吃料。饮水投药时，要选用易溶于水的药物。将易被破坏的药物溶于少许饮水中，让鸡在短时间内饮完；也可以将不易被破坏的药物稀释到一定浓度，分早、晚2次饮用。用药前，根据季节、鸡的品种、饲养方式、鸡群情况停止供水1～3小时，鸡的饮水量约为采食量的2倍，故在自由饮水时水中的药物浓度应是拌料时的1/2。

(3)口服 此法一般适用于个别治疗，虽费时费力，但剂量准确、治疗效果比较确实，当鸡已无食欲时可用此法。片剂或胶囊可经口投入食管上端；如果是不溶于水的粉剂，则可加在少许料中拌湿后再口服。口服时应注意避免将药物投入气管内。

(4)注射 常用肌内注射法，肌内注射的优点是吸收速度快、完全，适用于逐只治疗，尤其是紧急治疗时，效果更好。对于难经肠道吸收的药物，如链霉素、红霉素、庆大霉素等，在治疗非肠道感染时，可用肌内注射法给药。注射部位一般在胸部注射时不可直刺，要由前向后成45°角斜刺1～2厘米，不可刺入过深。腿部注射时要避开大的血管，不要在大腿内侧注射。

(5)外用 体表给药，多用来杀灭体外寄生虫，常用喷雾、药浴、喷洒等方法。

164. 放养鸡有哪些药“忌口”？

第一，在接种疫苗期间，使用链霉素、磺胺类、呋喃类、抗病毒西药(利巴韦林、病毒灵等)以及抗病毒中草药,会影响家禽的免疫系统,产生免疫抑制。

第二,为防止药物残留,产蛋期间禁止使用抗生素。如鸡患病,选择治疗药物时,也应选择对产蛋无影响的药物,并执行严格的停药期,治疗期间产的鸡蛋不可食用。利巴韦林、金刚烷胺、金霉素、磺胺类等药物还会影响产蛋。

第三,鸡终生禁用的药物有氯霉素、呋喃类、激素类。

165. 鸡场常用的消毒剂有哪些?

市场上各种各样的消毒剂很多,但在生产中使用的主要有以下几种:

(1)酚类 主要有苯酚(石炭酸)、煤酚皂溶液(来苏儿)、复合酚(菌毒敌)等。一般用于鸡场、棚舍、非金属设备的消毒。因有特异气味,肉、蛋的运输车辆及蛋库不宜使用。

(2)酸类 如过氧乙酸,一般用于鸡场、棚舍、设备及带鸡消毒,并可降低舍内的氨味。

(3)碱类 主要有氢氧化钠(苛性钠)、氧化钙(生石灰)等。主要用于地面、消毒池的消毒。

(4)醛类 如甲醛溶液(福尔马林),常用于种蛋、蛋箱、棚舍的消毒。

(5)氧化剂 如高锰酸钾,常用于洗刷水槽、饮水器及器械的消毒,与甲醛配合用于种蛋、蛋箱、棚舍的熏蒸消毒。

(6)卤素类 主要有速效碘、漂白粉(含氯石灰)、二氯异氰尿酸钠(优氯净)等。一般用于鸡场、棚舍、设备的消毒,氯制剂可用于带鸡及饮水消毒。

(7)季铵类化合物 如百毒杀,常用于孵化厂、设备、棚舍的消毒。

166. 鸡场为什么要经常消毒？带鸡消毒注意事项有哪些？

消毒是放养鸡场综合防疫的重要组成部分，通过消毒能有效地杀灭鸡场及生活环境中的病原微生物，创造良好的卫生环境，对保障鸡群健康起到重要作用。

带鸡消毒应注意事项：

第一，首先选择广谱、高效、杀菌作用强而毒性、刺激性低，对金属、塑料制品的腐蚀性小，不会残留在肉和蛋中的消毒药。常用的消毒剂有百毒杀、拜洁、过氧乙酸、次氯酸钠、新洁尔灭等。

第二，科学配制药液。配制消毒药液应选择杂质较少的深井水或自来水，水温一般控制在30℃～35℃。寒冷季节水温要高一些，以防水分蒸发引起鸡受凉造成鸡群患病；炎热季节水温要低一些，以便消毒同时起到防暑降温的作用；消毒药用水稀释后稳定性变差，应现配现用，一次用完。

第三，消毒器械的选择和正确喷药。消毒器械一般选用高压动力喷雾器或背负式喷雾器朝鸡舍上方以画圆圈方式喷洒，雾粒直径为80～120微米。雾粒太小易被鸡吸入呼吸道，引起肺水肿，甚至诱发呼吸道疾病；雾粒太大易造成喷雾不均匀和鸡舍太潮湿。

第四，喷雾消毒的频率和喷雾量。一般情况下，每周消毒2～3次，夏季疾病多发或热应激时，可每天消毒1～2次。雏鸡太小不宜带鸡喷雾消毒，1周龄后方可带鸡消毒。一般喷雾量按每平方米30～50毫升计算，平养喷雾量少一些，中大鸡喷雾量多一些。

第五，应注意的问题。①活疫苗免疫接种前、后3天内停止带鸡消毒，以防影响免疫效果。②防应激，喷雾消毒时间最好固定，且应在暗光下进行。③消毒后应加强通风换气，便于鸡体表及鸡舍干燥。④根据不同消毒药的消毒作用、特性、成分、原理，按一定的时间交替使用，以防病原微生物对消毒药产生抗药性。

167. 怎样搞好放养鸡舍清扫、检修及消毒？

上批鸡出栏后，马上清除鸡粪、产蛋窝垫草等物。对房顶、墙壁及地面彻底清扫，用高压水枪冲洗地面。检修鸡舍照明系统、栖架、产蛋窝等，检修之后再次彻底清扫舍内及舍外四周，确保无粪便、无羽毛、无杂物，然后再冲洗。从上到下冲洗，冲洗干净后再消毒。消毒程序如下：墙壁、地面、产蛋窝，不怕火烧部分用火焰喷烧消毒，然后其他部分和顶棚、墙壁、地面用无强腐蚀性的消毒药物喷洒消毒，最后每立方米用福尔马林 42 毫升＋21 克高锰酸钾密闭熏蒸消毒 24 小时以上。抽样检查效果不合格要重新消毒。

168. 为什么微生态制剂可以提高鸡的抗病力？

微生态制剂是指对宿主有益无害的活的正常微生物或正常微生物促生长物质经过特殊工艺制成的制剂。有益菌在机体内形成优势菌落，能有效地黏附、占位、排斥和抑制致病菌繁殖，起到以菌治菌的作用；有益微生物在代谢过程中产生杆菌肽、有机酸，对病原性细菌有抑制或杀灭作用，可防治肠道的慢性炎症；产生的活菌酶有效地促进动物肠道内营养物质的消化和吸收，提高饲料转化率；刺激双歧杆菌的增殖，增强机体消化吸收功能和抗病能力，能抑制腐败菌的繁殖，从而降低肠道和血液中的肉毒素及尿素酶的含量，把促成恶臭的氨、硫化氢、甲基硫醇、三甲胺等当作食饵（基质）分解掉，从而有效地减少有害气体产生；可诱导产生干扰素，提高非特异性免疫球蛋白的浓度，刺激巨噬细胞的活性，提高疫苗的保护率。因此，微生态制剂可以提高鸡的抗病力。

169. 放养鸡疾病诊断主要包括哪几个方面？

放养鸡疾病诊断的目的是为了尽早地识别疾病，以便采取及时有效的防治措施。鸡病的诊断主要包括流行病学调查、临床检查、病理解剖检查、实验室检验诊断。只有及时正确地诊断,防治工作才能有的放矢,使鸡群病情得到控制,免受更大的经济损失。

170. 如何调查放养鸡的流行病?

许多鸡病的临床表现非常相似,甚至雷同,但各种病的发病时机、季节、传播速度、发展过程、易感日龄、鸡的品种、性别及对各种药物的反应等方面各有差异,这些差异对鉴别诊断有非常重要的意义。一般进行过预防接种的,在接种免疫期内可排除相关的疫病。因此,在发生疫情时要进行流行病学调查,以便结合临床症状和化验结果,最后确诊。

(1)发病时间 了解发病时间,借以推测疾病是急性还是慢性。

(2)病鸡年龄 若各年龄鸡发病后的临床症状相同,而且发病率和死亡率都比较高,可怀疑为鸡新城疫、禽流感;若1月龄内的雏鸡大批死亡,而且排白色稀便,主要应怀疑为鸡白痢;单纯排白色便,自啄肛门,死亡率不高,这是鸡传染性法氏囊病的表现;若成年鸡临床上仅表现呼吸困难,死亡率不高,产畸形蛋,产蛋率下降,可怀疑为鸡传染性支气管炎;有神经症状,可怀疑为鸡脑脊髓炎和脑软化症。此外,30～50日龄的雏鸡多发生鸡球虫病、包涵体肝炎、锰缺乏症和维生素B_2缺乏症。

(3)病史及疫情 了解鸡场的鸡群过去发生过什么重大疫情,有无类似疾病发生,借此分析本次发病与过去疾病的关系。如过去发生过禽霍乱、鸡传染性喉气管炎,而又未对鸡舍彻底消毒,鸡群也未预防接种,可怀疑为旧病复发。

了解附近养禽场、户的疫情情况。如果有些场、户的家禽有气源性传染病,如鸡新城疫、传染性支气管炎、鸡痘等病流行时,可能迅速波及本场。

了解本场引进种蛋、种鸡地区流行病学情况。有许多疾病是经蛋和种鸡传递的，如新引进带菌带病毒的种鸡与本场内鸡群混养，常引起一些传染病的暴发。

了解本地区各种禽类的发病情况。当鸡群发病的同时，其他家禽是否发生类似疾病，这对诊断非常重要。如鸡、鸭同时出现急性死亡，可怀疑为禽霍乱；仅鸡发生急性传染病时，可怀疑为鸡新城疫、传染性支气管炎、传染性喉气管炎等。

(4)饲养管理及卫生状况 鸡群饲养管理、卫生条件不佳，往往是引起鸡新城疫免疫失败的重要因素，也常导致鸡群中不断出现非典型病例；饲养密度大，通风不良，常成为发生呼吸器官疾病和葡萄球菌病的致病条件；饲料单一或饲粮中某些营养物质缺乏或不足，常引起代谢病的发生，进而导致机体抵抗力降低，容易发生继发性传染病和预防接种后不能产生良好的免疫效果。喂发霉饲料，则会引起腹泻。

(5)生产性能 影响鸡群产蛋率的主要疾病有鸡新城疫、传染性支气管炎、传染性喉气管炎、败血霉形体病、传染性鼻炎和减蛋综合征等多种疾病。鉴别这些疾病时，应结合临床症状、病理解剖变化和实验室检验综合判定。若不伴有其他明显症状，而仅表现产蛋率下降，可怀疑为鸡传染性支气管炎、减蛋综合征；鸡群产软壳蛋，常见于钙和维生素 D 的代谢障碍或分泌蛋壳功能失常；然而，当鸡群产生应激时，也可能出现软壳蛋。鸡群产畸形蛋，常见于输卵管功能失常，造成蛋壳分泌不正常。当鸡群患传染性支气管炎时，除蛋壳外形变化外，蛋清也变得稀薄如水。

(6)疾病的传播速度 短期内在鸡群中迅速传播的疾病有鸡新城疫、传染性支气管炎、传染性喉气管炎、传染性鼻炎等。鸡群中疾病散在发生时，可怀疑为慢性禽霍乱和淋巴性白血病。

(7)疫苗接种及用药情况 首先对鸡新城疫预防接种情况要细致地了解，如疫苗种类、接种时间和方法、疫苗来源、保存方法、抗体监测结果等，都可作为疾病分析和诊断的参考。对禽霍乱、鸡痘、鸡传染性法氏囊病、马立克氏病的预防接种情况也要了解。此外，还要了解鸡群发病后的投药情况，如发病后喂给抗生素及磺胺类药物后病鸡症状减轻或迅速停止死亡，可怀疑为细菌性疾病，如禽霍乱、沙门氏菌病等。

171. 死鸡怎样处理?

在养鸡生产过程中，由于各种原因鸡死亡的情况时有发生。这些死鸡若不加处理或处理不当，尸体能很快分解腐败，散发臭气。特别应该注意的是患传染病死亡的鸡，其病原微生物会污染大气、水源和土壤，造成疾病的传播与蔓延。死鸡的处理方法主要有以下几种：

(1)高温处理法 对畜禽尸体常用专门的焚烧炉加以焚烧。

(2)土埋法 这是利用土壤的自净作用使死鸡无害化。此法虽简单但并不理想，因其无害化过程很缓慢，某些病原微生物能长期生存，条件掌握不好就会污染土壤和地下水，造成二次污染。因此，对土质的要求是决不能选用沙质土(有些国家规定死鸡不能直接埋入土壤)。采用土埋法，必须遵守卫生防疫要求，即尸坑应远离鸡场、鸡舍、居民点和水源；掩埋深度不小于 2 米；死鸡四周应洒上消毒药剂。

八、柴鸡产品的质量认证、包装与运输

172. 怎样进行生态放养柴鸡无公害农产品产地认证?

生态放养柴鸡如果进行了无公害农产品产地认证，有助于提高产品档次和市场竞争力。生态放养柴鸡无公害农产品产地认证程序：

(1)认证申请 申请产地认定的单位和个人(以下简称申请人)，向产地所在地县级人民政府农业行政主管部门，如县农牧局(以下简称县级农业行政主管部门)提出申请，并提交以下材料：①《无公害农产品产地认定申请书》。②产地的区域范围、生产规模。③产地环境状况说明。④无公害农产品生产计划。⑤无公害农产品质量控制措施。⑥专业技术人员的资质证明。⑦保证执行无公害农产品标准和规范的声明。⑧要求提交的其他有关材料。

申请人向所在地县级以上人民政府农业行政主管部门申领《无公害农产品产地认定申请书》和相关资料，或者从中国农业信息网站(www. agri. gov. cn)下载获取。

(2)县级审查 县级农业行政主管部门自受理之日起30日内，对申请人的申请材料进行形式审查。符合要求的，出具推荐意见，连同产地认定申请材料逐级上报省级农业行政主管部门；不符合要求的，书面通知申请人。

(3)省级审查 省级农业行政主管部门应当自收到推荐意见和产地认定申请材料之日起30日内，组织有资质的检查员对产地认定申请材料进行审查。材料审查不符合要求的，书面通知申请人。

(4)现场检查 材料审查符合要求的,省级农业行政主管部门组织有资质的检查员参加检查组对产地进行现场检查。现场检查不符合要求的,书面通知申请人。

(5)委托机构抽检 申请材料和现场检查符合要求的,省级农业行政主管部门通知申请人委托具有资质的检测机构对其产地环境进行抽样检验。

(6)机构抽检结论 检测机构应当按照标准进行检验,出具环境检验报告和环境评价报告,分送省级农业行政主管部门和申请人。

(7)抽检不合格的处理 环境检验不合格或者环境评价不符合要求的,省级农业行政主管部门书面通知申请人。

(8)全面评审 省级农业行政主管部门对材料审查、现场检查、环境检验和环境现状评价符合要求的,进行全面评审,并做出认定终审结论。符合颁证条件的,颁发《无公害农产品产地认定证书》;不符合颁证条件的,书面通知申请人。

(9)证书有效期 《无公害农产品产地认定证书》有效期为3年。期满后需要继续使用的,证书持有人应当在有效期满前90日内按照本程序重新办理。

173. 怎样进行生态放养柴鸡无公害农产品认证?

生态放养柴鸡进行无公害农产品认证,等于对该产品颁发了等级更高的市场通行证。产品认证程序:

(1)申请认证资格 凡生产《实施无公害农产品认证的产品目录》内的产品,并获得无公害农产品产地认定证书的单位和个人,均可申请产品认证。

(2)认证申请 申请产品认证的单位和个人(以下简称申请人),可以通过省、自治区、直辖市和计划单列市人民政府农业行政主管部门或者直接向农业部农产品质量安全中心(以下简称中心)申请产品认证,并提交以下材料:①《无公害农产品认证申请书》。②《无公害农产品产地认定证书》(复印件)。③产地《环境检验报告》和《环境评价报告》。④产地区域范围、生产规模。⑤无公害农产品的生产计划。⑥无公害农产品质量控制措施。⑦无公害农产品生产操作规程。⑧专业技术人员的资质证明。⑨保证执行无公害农产品标准和规范的声明。⑩无公害农产品有关培训情况和计划。提交的材料还有:申请认证产品的生产过程记录档案,“公司+农户”形式的申请人应当提供公司和农户签订的购销合同范本、农户名单以及管理措施,要求提交的其他材料。

申请人可以向中心申领《无公害农产品认证申请书》和相关资料,或者从中国农业信息网站(www. agri. gov. cn)下载。

(3)受理及文审 中心自收到申请材料之日起,在15个工作日内完成申请材料的审查。

(4)申请失败 申请材料不符合要求的,中心书面通知申请人。

(5)补报及文审 申请材料不规范的,中心书面通知申请人补充相关材料。申请人自收到通知之日起,应当在15个工作日内按要求完成补充材料并报中心。中心在5个工作日内完成补充材料的审查。

(6)现场检查 申请材料符合要求,但需要对产地进行现场检查的,中心在10个工作日内做出现场检查计划并组织有资质的检查员组成检查组,同时通知申请人并请申请人予以确认。检查组在检查计划规定的时间内完成现场检查工作。现场检查不符合要求的,书面通知申请人。

(7)委托机构抽检 申请材料符合要求(不需要对申请认证产品产地进行现场检查的)或者申请材料和产地现场检查符合要求的,中心书面通知申请人委托有资质的检测机构对其申请认证产品进行抽样检验。

(8)机构抽检结论 检测机构按照相应的标准进行检验，并出具产品检验报告，分送中心和申请人。产品检验不合格的，中心书面通知申请人。

(9)全面评审 中心对材料审查、现场检查(需要的)和产品检验符合要求的，进行全面评审，在15个工作日内做出认证结论。符合颁证条件的，由中心主任签发《无公害农产品认证证书》；不符合颁证条件的，中心书面通知申请人。

(10)证书有效期 《无公害农产品认证证书》有效期为3年，期满后需要继续使用的，证书持有人应当在有效期满前90日内按照本程序重新办理。

174. 怎样进行生态放养柴鸡绿色食品认证？

绿色食品是比无公害食品档次更高一级的食品，在国际食品分级中相当于A级食品。生态放养柴鸡绿色食品认证程序：

(1)认证申请 申请人向中国绿色食品发展中心(以下简称中心)及其所在省(自治区、直辖市)绿色食品办公室、绿色食品发展中心(以下简称省绿办)领取《绿色食品标志使用申请书》、《企业及生产情况调查表》及有关资料，或从中心网站(网址：www. greenfood. org. cn)下载。申请人填写并向所在省绿办递交《绿色食品标志使用申请书》、《企业及生产情况调查表》及以下材料：①保证执行绿色食品标准和规范的声明。②生产操作规程(种植规程、养殖规程、加工规程)。③公司对“基地＋农户”的质量控制体系(包括合同、基地图、基地和农户清单、管理制度)。④产品执行标准。⑤产品注册商标文本(复印件)。⑥企业营业执照(复印件)。⑦企业质量管理手册。⑧要求提供的其他材料(通过体系认证的，附证书复印件)。

(2)受理及文审 省绿办收到上述申请材料后，登记、编号，5

个工作日内完成对申请认证材料的审查工作，并向申请人发出《文审意见通知单》，同时抄送中心认证处。申请认证材料不齐全的，要求申请人收到《文审意见通知单》后10个工作日提交补充材料。申请认证材料不合格的，通知申请人本生长周期不再受理其申请。

(3)现场检查、产品抽样　省绿办应在《文审意见通知单》中明确现场检查计划，并在计划得到申请人确认后委派2名或2名以上检查员进行现场检查。检查员根据《绿色食品 检查员工作手册》(试行)和《绿色食品产地环境质量现状调查技术规范》(试行)中规定的有关项目进行逐项检查。每位检查员单独填写现场检查表和检查意见。现场检查和环境质量现状调查工作在5个工作日内完成，完成后5个工作日内向省绿办递交现场检查评估报告和环境质量现状调查报告及有关调查资料。

现场检查合格，可以安排产品抽样。凡申请人提供了近1年内绿色食品定点产品监测机构出具的产品质量检测报告，并经检查员确认，符合绿色食品产品检测项目和质量要求的，免产品抽样检测。现场检查合格，需要抽样检测的产品安排产品抽样：①当时可以抽到适抽产品的，检查员依据《绿色食品产品抽样技术规范》进行产品抽样，并填写《绿色食品产品抽样单》，同时将抽样单抄送中心认证处。特殊产品(如动物性产品等)另行规定。②当时无适抽产品的，检查员与申请人当场确定抽样计划，同时将抽样计划抄送中心认证处。③申请人将样品、产品执行标准、《绿色食品产品抽样单》和检测费寄送绿色食品定点产品监测机构。

现场检查不合格，不安排产品抽样。

(4)环境监测　绿色食品产地环境质量现状调查由检查员在现场检查时同步完成。经调查确认，产地环境质量符合《绿色食品产地环境质量现状调查技术规范》规定的免测条件，免做环境监测。根据《绿色食品产地环境质量现状调查技术规范》的有关规定，经调查确认，必要进行环境监测的，省绿办自收到调查报告2

个工作日内以书面形式通知绿色食品定点环境监测机构进行环境监测，同时将通知单抄送中心认证处。定点环境监测机构收到通知单后，40个工作日内出具环境监测报告，连同填写的《绿色食品环境监测情况表》，直接报送中心认证处，同时抄送省绿办。

(5)产品检测 绿色食品定点产品监测机构自收到样品、产品执行标准、《绿色食品产品抽样单》、检测费后，20个工作日内完成检测工作，出具产品检测报告，连同填写的《绿色食品产品检测情况表》，报送中心认证处，同时抄送省绿办。

(6)认证审核 省绿办收到检查员现场检查评估报告和环境质量现状调查报告后，3个工作日内签署审查意见，并将认证申请材料、检查员现场检查评估报告、环境质量现状调查报告及《省绿办绿色食品认证情况表》等材料报送中心认证处。中心认证处收到省绿办报送材料、环境监测报告、产品检测报告及申请人直接寄送的《申请绿色食品认证基本情况调查表》后，进行登记、编号，在确认收到最后一份材料后2个工作日内下发受理通知书，书面通知申请人，并抄送省绿办。中心认证处组织审查人员及有关专家对上述材料进行审核，20个工作日内做出审核结论。

审核结论为“有疑问，需现场检查”的，中心认证处在2个工作日内完成现场检查计划，书面通知申请人，并抄送省绿办。得到申请人确认后，5个工作日内派检查员再次进行现场检查。

审核结论为“材料不完整或需要补充说明”的，中心认证处向申请人发送《绿色食品认证审核通知单》，同时抄送省绿办。申请人需在20个工作日内将补充材料报送中心认证处，并抄送省绿办。

审核结论为“合格”或“不合格”的，中心认证处将认证材料、认证审核意见报送绿色食品评审委员会。

(7)认证评审 绿色食品评审委员会自收到认证材料、认证处审核意见后10个工作日内进行全面评审，并做出认证终审结论。

认证终审结论分为两种情况：认证合格、认证不合格。结论为"认证不合格"，评审委员会秘书处在做出终审结论2个工作日内，将《认证结论通知单》发送申请人，并抄送省绿办。本生产周期不再受理其申请。

(8)结论 为"认证合格"时，中心在5个工作日内将办证的有关文件寄送"认证合格"申请人，并抄送省绿办。申请人在60个工作日内与中心签订《绿色食品标志商标使用许可合同》。中心主任签发证书。

175. 怎样进行生态放养柴鸡有机食品认证？

有机食品是比绿色食品档次再高一级的食品，也是最高等级的食品，在国际食品分级中相当于AA级食品。生态放养柴鸡有机食品认证程序：

(1)申请 ①申请人提出正式申请，向国家环境保护部有机食品发展中心（简称中心）索取《有机食品认证申请书》（一式二份）、《有机食品认证调查表》（一式二份）和《有机食品认证书面资料清单》、《有机食品生产技术准则》等文件。②申请人填写《有机食品认证申请表》、《有机食品认证调查表》并准备《有机食品认证书面资料清单》中要求提供的文件。③申请人按《有机食品生产技术准则》的要求，建立本企业的质量管理体系、生产操作规程和质量信息追踪体系。

(2)预审、审查并制定初步的检查计划 ①中心对申请人材料进行预审。预审合格，申请人将有关材料拷贝给中心。②中心根据申请人提供的项目情况，估算检查时间（一般需要2次检查：生产过程1次、加工1次）。③中心根据检查时间和认证收费管理细则，制定初步检查计划、估算认证费用。④中心综合审查并做出"何时"进行检查的决定。⑤中心向申请者寄发《受理通知书》、《有机食品认证检查合同》（简称《检查合同》）。一旦协议生效，分中心将派出检查员，对申请人的生产基地、加工厂及贸易情况等进行现场审查(包括采集样品)。⑥当审查不合格，中心通知申请人且当年不再受理其申请。

(3)签订有机食品认证检查合同 ①申请人确认《受理通知书》后，与中心签订《检查合同》。②根据《检查合同》的要求，申请人缴纳相关费用的50%，以保证认证前期工作的正常开展。③申请人指定内部检查员(生产、加工各1人)配合认证工作，并进一步准备相关材料。

(4)实地检查评估 ①全部材料审查合格以后，分中心确定有资质的检查员进行实地检查。检查员依据《有机食品生产技术准则》的要求，对申请人的质量管理体系、生产过程控制体系、追踪体系以及产地、生产、加工、仓储、运输、贸易等进行实地检查评估。②必要时，检查员可对水、土、气及产品抽样，由检查员和申请人共同封样送指定的质检机构检测。

(5)编写检查报告 检查员完成检查后，按中心要求编写检查报告。2周内将检查报告送达中心。

(6)综合审查评估意见 ①中心根据申请人提供的申请表、调查表等相关材料以及检查员的检查报告和相关检验报告等进行综合审查评估，填写颁证评估表，提出评估意见。② 中心将评估意见报颁证委员会审议。

(7)颁证决议 颁证委员会定期召开颁证委员会工作会议，对申请人的基本情况调查表、检查员的检查报告和认证中心的评估意见等材料进行全面审查，做出同意颁证、有条件颁证、有机转换颁证或拒绝颁证的决定。证书有效期为1年。

①同意颁证 申请内容完全符合有机食品标准，颁发有机食品证书。在此情况下，申请者申请认证的产品可以作为有机产品销售。

②有条件颁证 申请内容基本符合有机食品标准，但某些方

面尚需改进，在申请人书面承诺按要求进行改进以后，亦可颁发有机食品证书。

③有机转换颁证 如果申请人的生产基地是因为在1年前使用了禁用物质或生产管理措施尚未完全建立等原因而不能获得颁证，其他方面基本符合要求，并且打算以后完全按照有机农业方式进行生产和管理，则可颁发有机食品转换证书。产品按“转换期有机食品”销售。

④不能获得颁证 申请内容达不到有机食品标准要求，颁证委员会拒绝颁证，并说明理由。

(8)颁证 根据颁证决议和《有机食品标志使用管理规则》的要求，签订《有机食品标志使用许可合同》，并办理有机食品标志的使用手续，颁发有机食品证书。

(9)申请认证注意事项 ①有机认证证书的有效期为1年，即只对申请认证的当年产品有效。②认证的基本要求是从产品生产基地到产品销售的全过程跟踪审查，只要确定了生产基地，即可申请预审查。③有效期满前3个月需重新办理申请认证手续。④申请者可将填妥的申请表Email给颁证管理部(cmd@ofdc.org.cn)，但为保险起见，请务必通过传真或邮寄方式将申请表发送到颁证管理部。

176. 柴鸡蛋怎样保鲜?

鸡蛋的保质期在温度2℃～5℃的情况下是40天，而冬季室内常温下为15天，夏季室内常温下为10天。鸡蛋超过保质期其新鲜程度和营养成分都会受到一定的影响。如果存放时间过久，鸡蛋会因细菌侵入而发生变质，出现粘壳、散黄等现象。山区养鸡规模小，产品零星分散，运输距离较远。鸡蛋从放养场到摆上超市货架，需有一个收集、贮存保鲜、形成批量运输的营销过程。因此，采取合理的保存方式尽量保障鸡蛋新鲜，显得十分重要。

柴鸡蛋的保鲜方法主要有冷藏法、浸泡法、涂膜法、气调法和埋藏法。

(1)冷藏保鲜法 利用适当的低温抑制微生物的繁殖生长，延缓蛋内容物自身的代谢，达到减少蛋重损耗，延长鸡蛋新鲜度的目的。鲜蛋入库前库内应先消毒通风，消毒方法可用漂白粉喷雾消毒或甲醛、高锰酸钾熏蒸消毒。送入冷库的鸡蛋必须新鲜清洁，不洁蛋很难冷藏保鲜。鸡蛋要摆放整齐，大头朝上，入冷库前要在2℃～5℃环境中预冷，使鸡蛋温度逐渐降低，防止蛋表面凝结水汽而给真菌生长创造条件。同样，出库时则应使鸡蛋逐渐升温，以防止鸡蛋表面凝结水珠。要获得冷藏鲜鸡蛋贮存半年完好率在90%左右，其冷藏温度宜控制在0℃～0.7℃（平均温度为0.34℃），相对湿度宜在72%～76%。冷藏期间注意保持和检测库内温、湿度，定期透视抽查，每月翻蛋1次，防止蛋黄黏附在蛋壳上，保存良好的鸡蛋，可贮放10个月。

(2)浸泡保鲜法 将柴鸡蛋浸泡在特殊液体里面而达到保鲜的目的，有以下方法。

将鲜蛋放入液状石蜡中浸泡1～2分钟取出，经24小时晾干后置于坛内保存，100天后检查，保鲜率仍可达100%。

把10份蜂蜡、2份酪素、1.5份白糖与100份水混合，然后将鲜蛋放入，浸几秒钟后捞出晾干，保存6个月，好蛋率达96%以上。

选用45～56波美度的泡花碱，按2∶30的比例加水混合均匀，最后调节至3.5～4波美度即可。贮藏时，将蛋轻轻放在泡花碱溶液中，液面超过蛋面5～10厘米，以隔绝空气。保存的鲜蛋有效期为7个月左右。

将无损伤的鲜蛋放入清洁池或缸内，倒入2%～3%的石灰水(100升水中加入2～3千克生石灰，搅拌、静置后，取上边清液)，水面高出蛋面20～25厘米，贮藏期间，夏季石灰水温度不超过21℃～

23℃,冬季以不结冰为宜。此法可使鸡蛋保鲜3~4个月。在夏季,池子或缸不要受太阳照晒,保证阴凉通风,还可将蛋放进5%左右的石灰水中浸泡30分钟,捞出晾干,也可保鲜2~3个月。

把1千克水玻璃(硅酸钠的水溶液)溶于9升热水中,冷却后倒入盛有鸡蛋的缸里,液面高出蛋面5厘米以上,用牛皮纸紧封缸口。置阴凉通风处,夏季可保鲜2~3个月。

室内自然温度下使用AAN浸泡液浸泡鸡蛋1个月之后捞出干放8个月,效果也很好。气室变化平均不超0.004毫升,干耗率在4%左右,可食率达97.4%以上,完好率在95%以上,蛋黄系数在0.384~0.386,干放蛋的几项鲜度指标与贮前鲜蛋和捞出时的浸泡蛋相比,差别不大。

在含有0.08%的活性钙水溶液中放入鸡蛋,加热温度50℃、加热20分钟。经这样温水处理的鸡蛋,即使在30℃下贮藏40天,代表新鲜程度的哈夫单位仍保留在A级水平上。蛋清透明度、表面色泽、光亮度等感官指标均较好。

(3)涂膜保鲜法

利用涂膜剂涂布蛋壳表面,闭塞鸡蛋进行气体交换的气孔。可以防止微生物侵入,减少蛋内水分蒸发,使蛋内二氧化碳逐渐积累,抑制酶活性,减弱生命衰减进程,达到保持鸡蛋鲜度和降低干耗的目的。鸡蛋涂膜材料一般采用轻矿物油、动植物油脂、可食性物质及其复合材料作为覆盖剂,经浸渍、喷雾或加热熔化后涂布在蛋壳表面。有以下几种方法:

用每升加有50克凡士林的液状石蜡混合涂膜剂给鸡蛋涂膜,在25℃、相对湿度80%~85%条件下存放,经90天鸡蛋仍可保持新鲜,失重率仅为2.38%~2.62%。

用以羧甲基壳聚糖为主剂,辅以2种以上助剂组成的保鲜剂涂膜鸡蛋,再放入聚乙烯薄膜袋内,在实验室温度9℃~24℃,相对湿度50%~60%条件下贮存149天,好蛋率可占85%,散黄率仅占10%，变质率占5%，减重5%。

有人对聚乙烯醇、聚乙烯醇和双乙酸钠复合、聚乙烯醇和氢氧化钙复合3种保鲜剂对鸡蛋的保鲜效果进行了比较研究。结果表明，经过30天贮藏，聚乙烯醇和氢氧化钙复合保鲜剂处理的鸡蛋鲜蛋率仍为100%，失重率为2.24%，蛋黄指数为0.39，哈夫单位为73.57，蛋白pH值为8.4，蛋黄颜色（L*）值为58.9、（a*）值为7.19、（b*）为39.97。说明聚乙烯醇和氢氧化钙复合保鲜剂保鲜效果最好。

有试验报道以下3种保鲜剂中，液状石蜡保鲜效果最好，聚乙烯醇次之，壳聚糖保鲜效果最差，但仍优于未涂膜保鲜的鸡蛋。经液状石蜡涂膜处理的鸡蛋在25℃、相对湿度60%～80%条件下存放30天，鲜蛋率仍为100%，相当于对照组存放6天时的品质，失重率仅为0.73%，蛋黄指数为0.37，浓蛋白含量为41.49%，蛋白pH为7.77。

(4)气调保鲜法　气调保鲜是指在低温贮藏的基础上，通过人为降低环境气体中氧的含量，适当改变二氧化碳和氮气的组成比例来达到对鸡蛋保鲜贮藏目的的一项技术。

将清洁的鲜鸡蛋密封于充满氮气的聚乙烯薄膜袋中，可隔绝氧气，抑制微生物繁殖和鸡蛋代谢，能保鲜鸡蛋3个月。

把鲜蛋放在贮存库内，四周密封，充以50%～60%的二氧化碳气体，能抑制从蛋中放出的二氧化碳气体，降低其呼吸作用，实现保鲜。

(5)埋藏保鲜法　埋藏是隔绝空气，减慢鸡蛋代谢，降低感染，达到保鲜鸡蛋的方法。但是这种保鲜方法相对以上方法，保鲜能力稍差一些。

①*谷壳窝藏法*　在洗净、擦干的容器底部均匀铺垫一层干燥谷壳，厚1～2厘米，其上排放一层鲜蛋，蛋与蛋之间稍稍分开，并用谷壳填塞间隔。然后，加盖一层谷壳（厚约0.5厘米），铺一层鸡

蛋，如此交替重复，共可放 10～15 层，顶上再盖 1～2 厘米厚的干燥谷壳封顶即成。盖上桶盖，存放到室内阴凉、干燥、避光处，一般可保存 6 个月不坏。也可用干净的柴灰、草灰、锯木屑代替谷壳，保鲜效果相似。

②松针铺垫法　先在容器底部和内壁铺一层 1～1.5 厘米厚的松针鲜叶（去掉枝梗），上放一层鲜蛋，再铺一层厚 0.3～0.6 厘米松针，放一层鸡蛋，如此交替重复共放 10～15 层。最后用松针封顶，厚 1 厘米左右。盖上桶盖，置于室内阴凉、干燥、避光处。一般可保鲜 3～4 个月。松针可释放出生物杀菌素杀死周围的腐败细菌。使用此法保存的鲜蛋，食用时常带有松针清香。

③豆子、小米窝藏法　干燥的红豆、绿豆、黄豆代替谷壳，方法与以上两种方法大体相同。豆子不断进行呼吸，消耗鸡蛋周围的氧气，吐出二氧化碳，有助于抑制蛋体周围的腐败细菌活动，也可抑制鸡蛋本身的新陈代谢，延长保鲜时间。其保鲜效果比谷壳、柴（草）灰窝藏更好，一般可保鲜 7～8 个月。

④植物保鲜法　这是利用植物杀菌素保鲜的方法，芥子、山嵛菜、花椒等能释放植物杀菌素的植物和鲜蛋混放，十分有效。杀菌材料也可就地取材，保鲜效果因材而异。操作时可先在容器底部放上适量的杀菌植物，其上层层排放鲜蛋，并添加杀菌植物，添加量以杀菌气味物质充满容器为度。容器底部、四壁和蛋体之间也要填充疏松的填充物抗震，并使杀菌气味物质得以扩散。

177. 柴鸡蛋怎样包装？

改进包装技术，可减少损失，提高效益。首先要选择好包装材料，包装材料力求坚固耐用，经济方便。可以采用木箱、纸箱、塑料箱、蛋托和与之配套用的蛋箱。

(1)普通木箱和纸箱包装鲜蛋　箱体必须结实、清洁和干燥。每箱以包装鲜蛋 300～500 枚为宜。包装所用的填充物，可用切短的麦秸、稻草或锯木屑、谷糠等，但必须干燥、清洁、无异味。包装时先在箱底铺上一层5～6厘米厚的填充物，箱子的四个角要稍厚些，然后放上一层蛋。蛋的长轴方向应当一致，排列整齐，不得横竖摆放。在蛋上再铺一层2～3厘米的填充物，再放一层蛋。这样一层填充物、一层蛋直至将箱装满，最后一层应铺5～6厘米厚的填充物后加盖。木箱盖应当用钉子钉牢固，纸箱则应将箱盖盖严，并用绳子包扎结实。最后注明品名、重量并贴上"请勿倒置"、"小心轻放"的标志。

(2)利用蛋托和蛋箱包装鲜蛋 蛋托是一种纸浆或塑料制成的专用蛋盘。将蛋放在其中，蛋的小头朝下，大头朝上，呈倒立状态。每蛋一格，每盘30枚。蛋托可以重叠堆放而不致将蛋压破。蛋箱是蛋托配套使用的纸箱或塑料箱。利用此法包装鲜蛋能节省时间，便于计数，破损率小，塑料蛋托和蛋箱可以经消毒后重复使用。

178. 柴鸡蛋怎样运输?

在运输过程中应尽量做到缩短运输时间，减少中转。根据不同的距离和交通状况，选用不同的运输工具，做到快、稳、轻。"快"就是尽可能减少运输中的时间；"稳"就是减少震动，选择平稳的交通工具；"轻"就是装卸时要轻拿轻放。

第一，运输前货主应向当地动物卫生监督机构申报检疫，办理动物产品检疫证明，合格后加上检疫标志。

第二，蛋箱要防止日晒雨淋；冬季要注意保暖防冻，夏季要预防受热变质。

第三，包装和运输工具必须清洁干燥，使用前均要消毒。

第四，运送鸡蛋的车辆应使用封闭货车或集装箱，不得让鸡蛋直接暴露在空气中运输。

179. 活鸡如何运输?

鸡只必须来自非疫区的健康鸡群。活鸡运输前,货主应向当地动物卫生监督机构申报检疫,办理动物产品检疫证明。检验合格后方可运输。运鸡的笼具和车辆必须清洗、消毒。装笼时要注意做健康检查,及时发现和剔除病鸡。

活鸡运输时要注意以下事项。

(1)装笼密度要适宜 活鸡是鲜活商品,在运输过程中因为比较集中,必须根据季节的不同,适当增减每笼的只数。这样使活鸡有一定的空间,以保证正常运输。秋末至春末阶段,每笼比标准多装1～2只,初夏至深秋比标准少装1～2只,这样做可减少死亡残损,提高商品质量。

(2)选择好的运输笼 运输途中因长途运输及路况原因,容易造成笼具挤压而伤亡鸡只。所以选好笼具非常重要。活鸡运输笼一般选用钢筋结构的铁丝笼,规格为750毫米×550毫米×270毫米,每笼装运12只活鸡。也有使用一次性的竹笼运输,因为竹笼通风透气,易于装卸,成本又低,特别适合夏季的长途运输,但容易造成挤压。也可以用塑料笼运输,不过塑料笼虽然坚固耐用,但吸热快,散热慢,不适于夏季长途运输。

(3)掌握好季节变化,调整运输时间 在秋末至春末阶段为下午13～15时发车,夏季至初秋为晚上发车。原则上根据天气情况,气温低、阴天就早装早运;天气热则晚装晚运。避免车辆在日光下暴晒,尽量减少损失。

(4)夏季淋水降温 在夏季高温的情况下,装车前将汽车、运输笼及鸡身淋水,降低活鸡体温,以减少闷热。

(5)根据路线畅通情况,适当采取防范措施 路途如发生堵车时,车厢内活鸡因缺少空气流动被闷死的机会大大增加。针对这个情况,提前考虑路况,让放在底层的运输笼少装鸡,并注意保持笼间通风。在有水源的地方可往鸡身上喷水降温。

(6)积极到当地保险公司投保 如因公路堵塞车辆、汽车沿途故障等引起的活鸡死亡情况，及时反映给保险公司，可获得一部分赔偿，从而减少损失。

家庭科学养猪(修订版)	7.50
简明科学养猪手册	9.00
猪良种引种指导	9.00
种猪选育利用与饲养管理	11.00
怎样提高养猪效益	11.00
图说高效养猪关键技术	18.00
怎样提高中小型猪场效益	15.00
怎样提高规模猪场繁殖效率	18.00
规模养猪实用技术	22.00
生猪养殖小区规划设计图册	28.00
猪高效养殖教材	6.00
猪无公害高效养殖	12.00
猪健康高效养殖	12.00
猪养殖技术问答	14.00
塑料暖棚养猪技术	11.00
图说生物发酵床养猪关键技术	13.00
母猪科学饲养技术(修订版)	10.00
小猪科学饲养技术(修订版)	8.00
瘦肉型猪饲养技术(修订版)	8.00
肥育猪科学饲养技术(修订版)	12.00
科学养牛指南	42.00
种草养牛技术手册	19.00
养牛与牛病防治(修订版)	8.00
奶牛标准化生产技术	10.00
奶牛规模养殖新技术	21.00
奶牛养殖小区建设与管理	12.00
奶牛健康高效养殖	14.00
奶牛高产关键技术	12.00
奶牛肉牛高产技术(修订版)	10.00
奶牛高效益饲养技术(修订版)	16.00
奶牛养殖关键技术 200 题	13.00
奶牛良种引种指导	11.00
怎样提高养奶牛效益(第 2 版)	15.00
农户科学养奶牛	16.00
奶牛高效养殖教材	5.50
奶牛实用繁殖技术	9.00
奶牛围产期饲养与管理	12.00
奶牛饲料科学配制与应用	15.00
肉牛高效益饲养技术(修订版)	15.00
奶牛养殖技术问答	12.00
肉牛高效养殖教材	5.50
肉牛健康高效养殖	13.00
肉牛无公害高效养殖	11.00
肉牛快速肥育实用技术	16.00
肉牛育肥与疾病防治	15.00
肉牛饲料科学配制与应用	12.00
秸秆养肉牛配套技术问答	11.00
水牛改良与奶用养殖技术问答	13.00
牛羊人工授精技术图解	18.00
马驴骡饲养管理(修订版)	8.00
科学养羊指南	28.00
养羊技术指导(第三次修订版)	15.00
种草养羊技术手册	12.00
农区肉羊场设计与建设	11.00

肉羊高效养殖教材	6.50
肉羊健康高效养殖	13.00
肉羊无公害高效养殖	20.00
肉羊高效益饲养技术(第2版)	9.00
怎样提高养肉羊效益	14.00
肉羊饲料科学配制与应用	13.00
秸秆养肉羊配套技术问答	10.00
绵羊繁殖与育种新技术	35.00
怎样养山羊(修订版)	9.50
波尔山羊科学饲养技术(第2版)	16.00
小尾寒羊科学饲养技术(第2版)	8.00
南方肉用山羊养殖技术	9.00
南方种草养羊实用技术	20.00
奶山羊高效益饲养技术(修订版)	9.50
农户舍饲养羊配套技术	17.00
科学养兔指南	32.00
中国家兔产业化	32.00
专业户养兔指南	19.00
养兔技术指导(第三次修订版)	12.00
实用养兔技术(第2版)	10.00
种草养兔技术手册	14.00
新法养兔	15.00
图说高效养兔关键技术	14.00
獭兔标准化生产技术	13.00
獭兔高效益饲养技术(第3版)	15.00
獭兔高效养殖教材	6.00
怎样提高养獭兔效益	13.00
图说高效养獭兔关键技术	14.00
长毛兔高效益饲养技术(修订版)	13.00
长毛兔标准化生产技术	15.00
怎样提高养长毛兔效益	12.00
肉兔高效益饲养技术(第3版)	15.00
肉兔标准化生产技术	11.00
肉兔无公害高效养殖	12.00
肉兔健康高效养殖	12.00
家兔饲料科学配制与应用	11.00
家兔配合饲料生产技术(第2版)	18.00
怎样自配兔饲料	10.00
实用家兔养殖技术	17.00
家兔养殖技术问答	18.00
兔产品实用加工技术	11.00
科学养鸡指南	39.00
家庭科学养鸡(第2版)	20.00
怎样经营好家庭鸡场	17.00
鸡鸭鹅饲养新技术(第2版)	16.00
蛋鸡饲养技术(修订版)	6.00
蛋鸡标准化生产技术	9.00
蛋鸡良种引种指导	10.50
图说高效养蛋鸡关键技术	10.00
蛋鸡高效益饲养技术(修订版)	11.00
蛋鸡养殖技术问答	12.00
节粮型蛋鸡饲养管理技术	9.00
怎样提高养蛋鸡效益(第2版)	15.00
蛋鸡蛋鸭高产饲养法(第2版)	18.00
蛋鸡无公害高效养殖	14.00
土杂鸡养殖技术	11.00